Unter den Tannen
des
Schwarzwaldes.

Novelle

von

G. Hermstein.

Straßburg
Verlag von Karl J. Trübner
1885.

Druck von J. H. Ed. Heitz (Heitz und Mündel Nachfolger).

I.

Geh' ich einsam durch den Wald,
Durch den grünen, düstern:
Keines Menschen Stimme schallt,
Nur die Bäume flüstern —

O, wie wird mein Herz so weit,
Wie so hell mein Sinn!
Märchen aus der Kinderzeit
Treten vor mich hin.

Ja, ein Zauberwald ist hier:
Was hier lebt und wächst,
Stein und Blume, Baum und Thier,
Alles ist verhext.

F. Freiligrath.

Nun, da Du meine Reisebriefe aus Dresden und Frankfurt empfangen hast, liebe Lilli, wirst Du endlich glauben, daß meine plötzliche Trennung von Euerem lustigen Kreise kein Traum, sondern Wirklichkeit ist. Und der absonderliche Gedanke, daß ich Blaustrumpf von Profession eine abwesende Hausfrau und Mutter vertreten soll, würde in Deinen Augen viel von seiner Lächerlichkeit verlieren, wenn Du mich sähest, wie ich mit der Würde einer erfahrenen

Wirthschafterin in Hauskleid und fabelhaft großer Küchenschürze — ich fasse es nicht, daß meine Schwester nicht alle Augenblicke aus ihr herausfällt — dem Dienstmädchen gegenüber stehe und die betreffenden Anweisungen ertheile. Es kommen freilich auch kritische Momente. So fragte sie mich gestern, wie man die bewußte gelbe Sauce zu Kalbsfricassée herstelle.... mich fragt sie das, Lilli! In ihrer himmlischen Einfalt ahnt sie nicht, daß es heutzutage Mädchen giebt, die das Recept zur historischen schwarzen Suppe der Spartaner im Traume hersagen können, aber von der Bereitung einer Kalbsfricasséesauce auch nicht einen Schimmer von Ahnung haben. Ich murmelte etwas von Eiern und Citronen, war aber froh, daß das wundersame und in seiner Zusammenstellung entschieden neue Gericht von niemand als Kurtchen und mir gewürdigt zu werden brauchte. Kurt ist ein herziger lieber kleiner Kerl, unbändig bis zur Tollheit, und doch mit einem Worte lenkbar, weil er — und der Himmel erhalte ihm diesen Glauben noch recht lange! — auf meine Unfehlbarkeit schwört. Ihm ist nach den Eltern nicht bange: er behauptet, ich sei gerade so gut wie die Mama; und was den Papa betrifft, so hat ihm dieser alle seine eingemachten Schlangen, Kröten, Molche, und was sonst sich in den ehemaligen Gelée- und Kompotbüchsen meiner Schwester an ähnlichen

Lieblichkeiten vorfindet, zurückgelassen, und das ist für meinen Neffen die Hauptsache. Ach, er wird in seines Vaters Fußstapfen treten und seiner dereinstigen Frau gerade solche „freudigen Ueberraschungen“ bereiten wie Olmhagen meiner Schwester, zu der er am Morgen der Abfahrt tritt und mit glückstrahlendem Auge sagt: „Sieh doch, welch freudige Ueberraschung, Amalie!“ worauf er eine Zündholzschachtel öffnet und eine große Raubspinne mit der Pincette heraushebt. Ich schwankte einen Augenblick, ob ich in Ohnmacht fallen oder die Flucht ergreifen sollte, that letzteres und kehrte erst wieder, als das häßliche Thier in Spiritus der angenehmen Sammlung eingereiht war. Amalie bemerkte mir mit vieler Fassung, daß ihr Mann ihr derartige „Freuden“ etwa dreihundert und fünfundsechzig Mal im Jahre bereite — die Schaltjahre ausgenommen, wo er es dreihundert und sechsundsechzig Mal thue — und sie mithin daran gewöhnt sei. Und solch einen Mann liebt sie! Erkundige Dich doch, Lilli, ob unser blonder Bariton auch Vorliebe für Spinnen hat .... ich stelle dann meine Schwärmerei für ihn sofort ein, und Du bist einer gefährlichen Rivalin los und ledig.

Sobald mir meine häuslichen Geschäfte Zeit lassen (ich muß selbst lachen, Lilli!), begebe ich mich mit Kurt auf weite und interessante Spaziergänge, denn schön ist es hier, schön — — Du im flachen

Lande kannst Dir überhaupt gar nicht vorstellen, wie schön!

St-Blasien (2600 Fuß über dem Meeresspiegel — Du siehst, daß ich mich, wie gewöhnlich, auf der Höhe der Situation befinde) liegt im Albthale, und nach allen Seiten erheben sich theils schroff, theils sanft ansteigende Berge, die mit dem köstlichsten Walde bestanden sind, meist dunklen Tannen, wovon denn auch der Schwarzwald seinen Namen hat. Und wenn man nun so allein auf dem Bergesgipfel steht und auf die Tausende und aber Tausende grüner Wipfel hinabsieht, welche sich in unabsehbarer Fläche aneinander reihen, so überkommt einen in dieser großartigen Einsamkeit ein sonderbares Gefühl von Weltabgeschiedenheit, eine Art melancholischen Friedens, welcher es verstehen läßt, daß gerade hier eine Zufluchtsstätte für weltmüde Herzen errichtet wurde. Denn St-Blasien war bis zum Jahre 1807 eine berühmte Abtei, und wo jetzt das Geräusch der arbeitenden Spinnstühle ertönt, erschollen einst die Litaneien und Hymnen der Mönche. Nur der Dom, welchen Goethe einen der schönsten Tempel Deutschlands nennt, dient noch heut seinem frommen Zwecke, obwohl die Rotunde ausgebrannt ist; glücklicherweise bloß im Innern, sodaß ihre prachtvolle Kuppel und die Vorhalle mit den sechs mächtigen Säulen durch ihre klassisch reinen Formen noch immer das Auge entzücken.

Dank einem der wenigen Talente, welche ich mit Dir, der Reichbegnadeten, gemein habe, nämlich leicht in „Stimmungen“ zu gerathen, verschafft mir das Kloster, von einer gewissen Höhe aus erblickt, manch interessantes Phantasma .... achtzig Jahre der Weltgeschichte versinken vor meinem geistigen Auge, und unten sehe ich nun nicht mehr die Spinnfabrik des Herrn K., sondern die mächtige gefürstete Abtei mit ihren weit ausgedehnten, in einem ungeheuern Viereck angelegten Gebäuden, ihren Höfen, ihrem großartigen Portale — und was hindert mich, die Menschen, welche wie bewegliche dunkle Punkte die Scene unten beleben, für Mönche zu halten, die sich vor der Unruhe, der Jämmerlichkeit dieser Welt in den Frieden der Klostermauern, in den Trost des Glaubens gerettet haben? Ragen doch, wie damals, die Berge mit ihren dunklen Häuptern in die Wolken, erzählt doch noch immer der schwarze Wald flüsternd dieselben uralten Geschichten, und rauscht und stürzt doch noch heut die Alb so ungestüm durch das Thal, daß man bis hinauf auf den „Sandboden“, einen 1200 Fuß über St-Blasien aufsteigenden Berg, ihr Brausen vernimmt.

Dieser „Sandboden“ — das gigantische vis-à-vis unseres Hauses — ist das Lieblingsziel unserer Spaziergänge. Weit hinter St-Blasien haben wir einen schmalen Fußweg entdeckt, welcher bequem auf das

Plateau, in dem sich der Berg statt einer Spitze endet, hinleitet, mitten durch den schönsten Wald, über lustige kleine Bäche hinweg, welche mit den Steinen und Baumwurzeln, die sie in ihrem schnellen Laufe hindern möchten, schwatzen und murmeln, daß es in einiger Entfernung klingt wie kosendes Kindergeflüster. Von Zeit zu Zeit treten rechts die Bäume auseinander und eröffnen einen Ausblick in das Albthal, oder über die nächsten Berge hinaus auf die Höhenzüge des Schwarzwalds, die neben- und übereinander sich in den zartesten Farbentönen abstufen.

Und Dein Entzücken über diese Herrlichkeit kannst Du ungeniert ausrufen, ausseufzen oder ausdeklamieren; kein Mensch hört Dich, denn obwohl der Kurort stark besucht sein soll, trifft man fast nur in dem unmittelbaren Umkreise des Bades größere Gruppen von geputzten und geschniegelten Gästen, weil eben der anziehenden Ausflüge um St-Blasien so viele sind, daß sich die Menge völlig verliert. Wenigstens habe ich mit Kurtchen außerhalb des Ortes bis vorgestern niemand als einmal eine versprengte Ziege, regelmäßig zwei Rehe von merkwürdig leuchtendem Felle und eine Unmenge von Eidechsen getroffen. Ich sage, bis vorgestern, denn gestern fand ich auch einen Menschen.

Entsinnst Du Dich noch der köstlichen Carricatur

eines Engländers, welche Du mir einmal anonym zum Neujahr schicktest? Blond, lang, dürr, spleenig, blasiert — so lag dieses Bild in Fleisch und Blut etwa zwanzig Fuß unter mir im Grase, endlose Beine mit Albions Unbefangenheit in die Luft, eben so lange Arme unter den Kopf gestreckt, das in seiner Hyperblasiertheit krankhaft blasse Gesicht in die Wolken starrend, als würde irgendwo dort oben eine Pantomime aufgeführt. Ich hatte Muße, diesen Jüngling aus der Fremde zu betrachten, weil Kurtchen zurückgeblieben war, um ein paar Ameisenlöwen auszugraben; denn ohne zoologische Ausbeute kann er so wenig wie sein Vater nach Hause zurückkehren.

Noch einer anderen Person will ich Erwähnung thun, bevor ich diesen Brief, welcher allmählich zu der Dicke eines Buches anzuschwellen droht, schließe. Es ist eine junge, sehr leidend aussehende Dame mit einem wunderbar interessanten Gesicht, an welcher ich täglich vorübergehen muß, weil sie, sobald die Witterung es irgend erlaubt, auf dem niedrigen Balkon meines Nachbarhauses in einem bequemen Krankenstuhle liegt. So wunderlich es klingen mag: sie sieht aus, als sei sie eine Sängerin, aber nicht vom Theater. Ihre braunen, melancholischen Augen mögen uns oft sehnsüchtig nachblicken, wenn wir so fröhlich auf die Wanderschaft ziehen, und kehren wir abends mit Blumen und Zweigen heim, so beobachtet sie uns schon von weitem, wenngleich sie sich stellt, als ob sie läse. Ich bin entschlossen, ihre Bekanntschaft zu machen, und müßte ich dies durch einen Gewaltakt bewirken; Du hörst davon in meinem nächsten Briefe. Jetzt endlich: Lebewohl! Grüße, wer mich gern mag daheim, und denke in Liebe

Deiner

Lucie Helwing.

II.

Wem Gott ein Herz zum Lieben gab,
Dem Schmerze wie der Freude offen,
Von Glauben voll, und voll von Hoffen,
Den hat das schönste Loos getroffen,
Dem ward der treuste Pilgerstab.

F. Stolle.

Die junge Dame, welche dieses Schreiben soeben vollendet hatte, couvertierte es und erhob sich, — eine zierliche mittelgroße Gestalt, den blonden Kopf anmuthig von dem schlanken Halse getragen, das Gesicht eigenthümlich unregelmäßig, aber nicht unschön und durch den Ausdruck hoher Intelligenz sogar bedeutend.

„Kurt!" rief sie in das Nebenzimmer, „fütterst Du noch immer Deine Ameisen mit Himbeersaft, damit sie ihren abscheulichen Löwen nur ja munden?"

„O Tante!" antwortete eine helle Kinderstimme, und ein prächtiger Knabe, schlank wie eine Wiete, gesund und blühend, stürzte herein und fiel der Fragenden ungestüm um den Hals. „Hättest Du noch fünf Minuten länger geschrieben, ich wäre Dir davon gelaufen auf den Sandboden oder auf den Weißenstein," rief er und schüttelte die blonden Locken aus der Stirn.

„Mein Herr Deserteur, möchten wir das nicht lieber gemeinschaftlich besorgen?" fragte die junge Dame lachend, drückte ihm den Hut auf das Köpfchen und nahm um ihre Schultern ein elegantes Fichü.

Als sie auf die Straße hinaustraten, hoben sich ein Paar dunkle geistvolle Augen von einem Briefe, auf dem sie bisher geruht, und folgten den Dahinschreitenden mit jenem Interesse, welches leicht eine einsame Kranke für ihre Umgebung empfindet. „Ist das Mädchen die um Vieles ältere Schwester, oder die Erzieherin des Kindes?" fragte sie sich zum hundertsten Male. In diesem Gedanken wurde sie durch das Erscheinen eines Herrn gestört, der zu ihr auf den Balkon hinaustrat — blond, lang, hager, kurz: Luciens „Engländer".

„Willkommen im Schwarzwalde, Magnus", sagte die Kranke mit einer Stimme, so klar, so metallisch wie der Ton einer Glocke.

„Grüß' Sie Gott, Helene," erwiderte. er bewegt, denn ihr Anblick ergriff ihn sichtlich. „Ich hätte Sie schon vorgestern aufsuchen können, wenn ich eine Ahnung davon gehabt hätte, daß Sie in St-Blasien seien. So aber erfuhr ich erst heut durch einige

Zeilen Erwins, warum er mich gerade hierher dirigierte."

„Er hatte Sie mir auch nicht früher angekündigt", sagte sie, auf den Brief in ihrer Hand deutend. „Wie steht es mit Ihrer Gesundheit?"

„Wie mit einer Harfe, deren sämmtliche Saiten verstimmt sind."

„Das ist für den Augenblick schlimm, aber Ihr großen Künstler seid wie die Frösche: heut hat man ihnen die Beine ausgerissen, und morgen schwimmen sie wieder seelensvergnügt im Wasser."

„Hm, was die Seelensvergnügtheit dabei betrifft — sonst ist Ihr Gleichnis wahrlich nicht übel. Aber ich beschwöre Sie, sprechen Sie in dieser klaren Bergluft, wo man selbst ein leises Wort auf hundert Schritte Entfernung hört, nicht aus, wer ich bin. Ich habe, um mein Inkognito zu retten, unerhört gelogen und intrigiert, dem einen Redakteur unter dem Siegel der Verschwiegenheit anvertraut, daß ich nach der Schweiz, dem anderen, daß ich nach Norwegen gehe; ein dritter sucht mich in Rußland, aber alle drei verkündigten der erstaunten Menschheit schon am nächsten Morgen das Geheimnis. Inzwischen schlich ich mich heimlich, wie ein Verbrecher, aus der Stadt, begab mich per pedes apostolorum nach der nächsten Bahnstation und will nun hier einmal Mensch unter Menschen sein."

Diese Worte wurden aber nicht etwa in heiterem, sondern in einem müden Tone geredet, als koste es den jungen Mann fast Mühe, sie auszusprechen.

„Wie haben Sie sich denn in die Liste der Kurgäste eintragen lassen?"

„Natürlich als —" (und er nannte einen Namen, welcher in die Geschichte der Musik mit goldenen Lettern eingezeichnet ist, und der hier mit Magnus Steinfeld umschrieben sein mag), „aber ich fügte das harmlose Wörtchen „Techniker" hinzu, der ich ja als Künstler auch sein muß, und denke, das wird mich vor meiner Berühmtheit schützen."

„Ja, ja, auch das Genie hat seine Unbequemlichkeiten", lächelte die Kranke.

„Sie hätten es erfahren, Helene, wenn Sie in Ihrer Laufbahn nicht so schrecklich unterbrochen worden wären", sagte er, und wieder zog es wie eine düstere Wolke über sein Gesicht.

„O nein, denn ohne jenen Unglücksfall wäre ich die Frau Ihres Bruders geworden und heut vielleicht schon recht hausbacken und prosaisch."

Durch einen Blick drückte er seinen Zweifel an dieser Behauptung deutlicher aus als durch Worte, doch sprang er von dem Thema ab.

„In wenigen Wochen ist Erwin mit seinen Studien fertig", sprach er mit Beziehung.

„Ich weiß", erwiderte sie erröthend.

„Und es bleibt dabei, daß Sie sich der Operation unterziehen, wenn er —"

„Wenn er erklärt, sie auf sich nehmen zu wollen? Ja", vollendete sie, als er stockte.

Er erhob sich, lehnte sich über die Brüstung des Balkons und starrte wortlos vor sich hin.

„Magnus, immer noch der alte thörichte Vorwurf?" fragte Helene sanft.

Er wandte sich zu ihr. „Könnten Sie es verwinden, wenn der Fall umgekehrt läge? wenn ich hier an den Krankenstuhl gefesselt wäre, und Sie in voller Kraft vor mir stünden?" fragte er dagegen.

„Gewiß", erwiderte sie, „denn da der Mensch nur das Werkzeug in der Hand Gottes ist, so braucht er sich für die Handlungen des Meisters nicht verantwortlich zu machen."

Er schwieg, und während seine mattblauen Augen zerstreut über die Linien der Berge hinglitten, ohne von deren Zauber das mindeste zu empfinden, ruhte Helenens Blick auf seinem Gesicht und las mit Theilnahme die Züge, welche die Jahre, in denen sie Magnus Steinfeld nicht gesehen, dahinein geschrieben hatten. Eine lange Krankheit, so weit sie weniger in heftigen Schmerzen als in anhaltender Kraftlosigkeit besteht, ist eine vortreffliche physiognomische Schule für den Blick: man lernt die Vorgänge in Haus und Welt von den wenigen Gesichtern ablesen, welche das Krankenbett umgeben. Deshalb erkannte Helene Berg ohne Mühe, daß Erwin Steinfeld nicht Unrecht gehabt, als er ihr geschrieben: sein Bruder befinde sich in einem Zustande, wo eine tödtliche Abspannung infolge von Ueberreizung der Nerven seiner Künstlerlaufbahn ein Ende setzen könne, weshalb er ihn gerade in ihre Nähe sende, damit ihr klares, sich stets gleichbleibendes Wesen beruhigend auf ihn einwirke.

„Sind Ihre Eltern mit Ihnen gekommen?“ fragte Magnus plötzlich.

„Nein, Mama ist viel kränklich, und so blieb sie besser daheim in Karlsruhe. Else pflegt mich.“

„Doch nicht Ihre kleine Schwester?“

Jetzt lachte Helene leise auf. „Ja, meine „kleine Schwester“ von fünf ein halb Fuß Länge. Sehen Sie die Croquetspieler dort unten im Hotelgarten? Die einzige Person unter ihnen, die von dieser Höhe nicht aussieht wie ein Punkt, sondern wie ein Strich, ist die „kleine“ Else. Sie ist eine leidenschaftliche Croquetspielerin, und es freut mich um so mehr, daß es ihr so schnell gelungen ist, eine „Partie“ zusammenzubringen, als ich ihres Beistandes nur früh und abends zum An- und Auskleiden bedarf. Denn denken Sie nicht, lieber Magnus, daß ich so gar hilflos bin....“ Die Kranke griff nach einem Stocke neben dem Fahrstuhle, richtete sich an demselben auf und stand nun lächelnd, schlank und hoch Magnus gegenüber. „Und auch das Gehen habe ich noch nicht verlernt“, fügte sie heiter hinzu, schritt langsam ein paarmal auf dem Balkon hin und her, ließ sich aber dann in den Fahrstuhl zurückgleiten.

Magnus breitete sorgfältig die Decke wieder über ihre Kniee, und obwohl Helene bemerkte, daß seine Hände dabei zitterten, und seine Gesichtsmuskeln mit einer Bewegung kämpften, als ob er nur mühsam sich der Thränen erwehrte, plauderte sie unbefangen weiter und gab dadurch nach und nach auch ihrem Gegenüber das seelische Gleichgewicht zurück. —

Währenddessen war Lucie Helwing mit ihrem Neffen den nahen Berg hinaufgestiegen, hatte dort mit dem kleinen Naturforscher lange das lustige Treiben einiger grauen Eidechsen beobachtet und kam jetzt langsam die breite Bergstraße herunter, dann und wann stehen bleibend, um eine besonders effektvolle Scenerie mit liebevollem Verständnis zu betrachten. Denn rechts und links erhoben sich Granit- und Porphyrblöcke von ungeheuerer Größe, in wilder Titanenlaune auf einander gethürmt, daß die Lücken Thore und Höhlen bildeten; wo immer sich auf einer breiteren Platte Raum genug für ein Bäumchen fand, da ragte eine kleine Tanne in die Luft, oder eine junge Buche suchte sich mit ihren Wurzeln um die Steine zu klammern, überall aber traf der Blick auf Gruppen von Farnkräutern, welche aus dem tiefen Moose in so anmuthiger Ungezwungenheit zwischen den Steinen aufstrebten, daß das Auge eines Landschafters sich daran nicht hätte satt sehen können. Lucie zeichnete nicht, hatte aber ein feines Gefühl für Schönheit in jeglicher Offenbarung; Kurt dagegen zog ausgesprochenermaßen das, was sich auf der Erde bewegt, demjenigen vor, was darauf fest steht, er fand die breite Fahrstraße ziemlich langweilig, ließ endlich die Hand der Tante los und begann einen Streifzug auf eigene Faust. Lucie ließ ihn gewähren; als sie aber an einem Aussichtspunkte, wo sie bestimmt erwartet hatte, ihn zu treffen, nur eine ältere Dame sitzend fand, bat sie mit einigen Worten um Entschuldigung, daß sie stören werde, und rief den Felsabhang hinunter laut Kurts Namen.

„Un charmant petit garçon blond vient de passer“, sagte die Fremde.

„Merci, madame“, antwortete Lucie und schickte sich an, hinabzusteigen. Da ertönte von irgendwoher aus der Tiefe des Kindes Bitte, sie möge oben auf ihn warten, er werde sogleich mit einem „Funde“ ankommen. Lächelnd rückte die Fremde ein wenig beiseite, um Lucie Platz zu machen, und knüpfte in jener graciösen Leichtigkeit, welche die Französin vor allen Damen der Welt voraus hat, eine Unterhaltung an, die mit der Aussicht zu ihren Füßen begann und mit der Frage endete, ob Lucie zur Kur in St-Blasien sei.

Das junge Mädchen, welches als „Blaustrumpf von Profession“, wie es sich selbst genannt, gewöhnt war, sich in fremden Sprachen auszudrücken, antwortete in elegantem Französisch und fand dabei noch Zeit, über die Persönlichkeit ihrer Nachbarin sich Rechenschaft abzulegen: Einfach gekleidet, aber Rock, Hut und Handschuhe von gleicher Farbe, folglich vornehm; geneigt, sich mit der ersten besten fremden Person zu unterhalten, also gelangweilt; das Gesicht trotz der höchstens fünfzig Jahre voller winziger Fältchen, — offenbar eher von häufigem Lachen als von vielem Weinen herrührend, — mithin ein lebhaftes Temperament; das dunkle Haar nur von wenigen Silberfäden durchzogen, also keine Sorgen.... so weit war Lucie in ihren Betrachtungen gekommen, als ihr kleiner Neffe mit erhitztem Gesichtchen bei der Bank anlangte und mit strahlenden Augen aus seinem Taschentuche einen lebendigen Maulwurf auf Luciens Kniee niederlegte.

„Quel petit drôle! Il apporte une taupe, une taupe vivante!“ rief die Fremde amüsiert und nahm der entsetzten Lucie das Thier ab. „Sie sieht nicht in der Sonne“, erklärte sie dem Knaben.

„Darum konnte ich ihn so leicht fangen!“ rief er. „Und Sie müssen ein so nützliches Thier nicht tödten; wenn Sie die taupe im Zimmer halten, stirbt sie", fuhr die Dame fort.

„O wirklich?" rief Kurt bedauernd.

„Mais oui, mon petit homme", war die lächelnd gegebene Antwort, worauf das Kind den „Fund" unter einen Strauch setzte und sich betrübt an Luciens Seite schmiegte.

„Nun, nun, Kurt, man trauert nicht um ein gutes Werk", rief diese mit ihrer frischen Stimme und schüttelte den Knaben lustig an den Schultern. Da lachte er und sprang, als sie wenige Minuten später gemeinsam den Rückweg nach St-Blasien antraten, den beiden Damen fröhlich vorauf.

Von Zeit zu Zeit fügte Lucie dem Waldblumenbouquet, welches sie in der Hand trug, noch einen Blüthenstengel vom Wegraine an und erklärte dabei der Französin, daß sie es auf eine Eroberung abgesehen habe und diesen Strauß als symbolische Liebeserklärung noch heut überreichen wolle .... und sie erzählte von der Theilnahme, welche ihre kranke Nachbarin ihr einflöße.

„Ah, Sie meinen Fräulein Helene Berg?"

Lucie wies auf das hochgelegene Haus.

„Ganz recht", bestätigte die Fremde die Richtung, „die junge Dame hat sich durch einen Sturz mit dem Pferde ein schweres Leiden zugezogen. O, sie ist reizend; wenn ihre Schwester, die sie pflegt, halb so liebenswürdig wäre, so wüßte ich, warum mein Sohn Guillaume den ganzen Tag Croquet spielt."

„So kennen Sie Fräulein Helene Berg, gnädige Frau?"

„Gewiß, und Sie können sogleich in aller Form bei ihr eingeführt werden."

„Als Lucie Helwing", sagte das junge Mädchen, sich vorstellend.

„Und ich bin Madame de Charry", erwiderte die Fremde.

Lucie war glücklich, daß ihr die Bekanntschaft der interessanten Kranken so ohne „Gewaltakt" ermöglicht wurde; sie schritt rüstig vor, aber als sie näher kam, und Magnus Steinfelds lange Gestalt sich von der weißen Hauswand über dem Balkon abzeichnete, hielt sie erstaunt einen Augenblick inne.

„Beim Zeus, mein Engländer!" murmelte sie erstaunt.

„Pardon, kein Engländer, sondern ein deutscher Techniker", sagte die andere. „Er ist seit vorgestern hier und mein vis-à-vis an der table d'hôte. — Un peu blasé", fügte sie leiser hinzu.

III.

Gesogen hab' ich Strahl auf Strahl
Ins Herz den kurzen Tag;
Die schöne Sonne sinkt zu Thal,
Nun komm', was kommen mag.

E. Geibel.

Man hatte die Heranschreitenden von oben schon bemerkt, und Helene Berg begrüßte nun die Bekannte wie die Unbekannte mit großer Herzlichkeit; Magnus wurde als „ein lieber Jugendfreund" vorgestellt.

„Ich interessiere mich seit langem für Sie und diesen prächtigen kleinen Herrn", sagte die Kranke lächelnd zu dem jungen Mädchen.

„Ich kann auf so freundliche Worte nur mit dem Strauße danken, den ich bereits vor meiner Bekanntschaft mit Madame de Charry für Sie, gnädiges Fräulein, bestimmt hatte."

„C'est vrai", bekräftigte die Französin.

„Und ich hätte Dir einen lebendigen Maulwurf geschenkt, aber die Dame sagt, er hält sich nicht im Zimmer", rief Kurt, dessen Ritterlichkeit durch den liebevollen Empfang gleichfalls aufgestachelt wurde.

Helene reichte Lucie die Hand und küßte das Kind auf die Stirne. „Und nun klären Sie mich über Ihr Verhältnis zu dem Kleinen auf, ich habe mir oft den Kopf darüber zerbrochen", sagte sie.

„Er ist der Sohn meiner Schwester, der einzigen Verwandten, die mir noch lebt, und welche an den Naturforscher Olmhagen verheirathet ist; daher denn auch Kurtchens Vorliebe für alles lebende und todte Gethier. Augenblicklich weilen seine Eltern am Züricher See, wo mein Schwager Studien über die Pfahlbauten machen will, und so bin ich aus dem Hause meines Vormunds aus Norddeutschland herberufen worden, um Hausfrau und Mutter zu spielen, ohne indessen von Natur sonderlich dazu beanlagt zu sein."

„Ich hörte einmal", warf Magnus ein, „eine Dame aussprechen, daß sie kein Talent zur Ehe habe — und den nächsten Tag verlobte sie sich."

„Nun, die Nutzanwendung?" fragte Lucie mit großen Augen.

„Daß die Frauen mehr Talente in sich haben, als sie zugeben, Gnädigste."

„Nein, es beweist nur, daß sie manches ohne Talent thun."

„Aber jene Ehe wurde eine durchaus glückliche."

„Als ob ich nicht auch als stellvertretende Mutter und Hausfrau vollkommen wäre!" rief Lucie in aller=

liebster Entrüstung. „Und doch bin ich von Natur nur dazu bestimmt, den größten Theil des Vormittags zu verschlafen, dann Kulturgeschichte zu studieren und abends alle möglichen Genüsse in Form von Kunst, Theater und Musik zu mir zu nehmen! . .“

„Ach, Sie sind musikalisch?“ fragte Helene mit Interesse.

„Enorm, aber passiv, denn ich spiele weder, noch singe ich.“

„Welch liebenswürdige Eigenschaft!“ sagte Magnus.

„Nun, Ihr berühmter Namensvetter . . . . oder sind Sie vielleicht selbst der große Geiger?“

Er schüttelte mit einer heftig abwehrenden Geste den Kopf.

„ . . . würde vielleicht anders darüber urtheilen“, vollendete Lucie ihren Satz mit einem Lächeln, das weniger dem Abscheu des Herrn vor Musik, als der Harmlosigkeit galt, mit welcher er die lächerliche Idee seiner Identität mit dem berühmten Musiker als ernsthafte Frage aufgefaßt hatte.

„Das glaube ich kaum“, entgegnete Magnus, „ihm müßte es bei seinem Berufe unerträglich sein, auch noch im eigenen Hause mit Musik gequält zu werden, ich wenigstens würde alsdann verrückt.“ Und wirklich sah er bei dieser bloßen Vorstellung so jammervoll drein, daß Helene nicht umhin konnte, zu lachen und auszurufen:

„O Magnus, Magnus, Sie sind mit dieser Ansicht ein Seitenstück zu meiner Tante Pauline, welche Musik für ein unangenehmes Geräusch erklärte und mich enterbte, als sie hörte, ich lasse meine Stimme ausbilden.“

„Das sah ich Ihnen an, daß Sie singen“, rief Lucie erfreut.

„Et magnifiquement, Mademoiselle“, meinte die Französin.

Helene lächelte und fuhr heiter fort:

„Als ich das Unglück hatte, so gefährlich zu stürzen, und meine Laufbahn als Sängerin in ihrem ersten Anbeginne dadurch unterbrochen wurde, war leider die Tante eben gestorben, sonst hätte sie mich vielleicht noch einmal in meine alten Rechte eingesetzt; so aber erbte meine Schwester Else das ganze nicht unbedeutende Vermögen, — o, sie ist eine sehr gute Parthie“, schloß sie mit einem schelmischen Blicke auf die Französin.

„Wenn Mademoiselle Else so liebenswürdig sein wird wie Mademoiselle Hélène, wird sie eine Freude für jede Schwiegermutter werden“, antwortete Madame de Charry.

„Auf alle Fälle ist sie eine vortreffliche Schwester“, sagte Helene warm; „ich könnte in der ganzen Welt keine bessere Pflegerin finden, und doch hat Else noch nie an sich selbst erfahren, wie einem Kranken zu Muthe ist.“

„Sie anticipiert diese Erfahrung, weil sie Sie liebt", sprach Lucie.

„Das ist's; und legt das nicht ein schönes Zeugnis ab für die Fähigkeiten des menschlichen Herzens? — Ah, da kommt ja Else, und Herr de Charry dazu."

Auf dem Fußwege, der im Zickzack den Berg hinauf leitete, erschien ein junges Paar, und da in jedem der auf dem Balkon Befindlichen bei diesem Anblicke eine besondere Betrachtung erweckt wurde, so entstand eine augenblickliche Stille in der kleinen Gesellschaft, welche es möglich machte, daß man deutlich die überrascht und etwas verlegen klingenden Worte des jungen Franzosen verstand: „Voilà maman!"

Lucie hätte beinahe gelacht; denn nach den Aeußerungen der „Maman" hatte sie für den Ton, in welchem er diese Worte sprach, ein gewisses Verständnis; indessen gelang es ihr, ihre Heiterkeit zu verbergen, obwohl sie sah, daß es auch um Helenens Lippen zuckte. Madame de Charry dagegen blickte mit großer Ernsthaftigkeit ihrem Sohne, Magnus in müßiger Neugier dem jungen Mädchen entgegen.

Lucie machte im Stillen die Bemerkung, daß der herankommende lange Backfisch ein sehr hübsches Geschöpf und Herrn de Charry's Croquetpassion mithin nicht so gar unbegreiflich sei, und gerade wollte sie aussprechen, daß sie eine große Aehnlichkeit zwischen den Schwestern finde, als sie zu ihrem Befremden gewahrte, wie Magnus Steinfelds farbloses und gleichgiltiges Gesicht wie infolge eines plötzlichen Einfalls oder Erschreckens mit heller Röthe übergossen wurde, und er eine Bewegung machte, als wolle er den Balkon eilig verlassen.

„Helene, das ... das Inkognito!“ flüsterte er hinter Kurts blondem Köpfchen der Kranken zu. Dieselbe machte eine Handbewegung, welche deutlich: „Seien Sie außer Sorge“, antwortete. Lucie hatte die Gesten gesehen, ohne Steinfelds Worte verstanden zu haben, und der Gedanke stieg in ihr auf, daß diese beiden einander näher stünden, als sie trotz der vertraulichen Anrede bei den Vornamen die anderen wissen lassen wollten.... Ein Jugendfreund, welch herzliche, ja feurige Liebe verbirgt sich zuweilen hinter diesem harmlosen Titel. Vielleicht war der Herr Helenens wegen nach St-Blasien gekommen,... möglicherweise waren sie, bevor das schöne Mädchen verunglückte, mit einander verlobt... — Wer weiß, bis zu welchen kühnen Vermuthungen Lucie sich noch aufgeschwungen haben würde, wenn nicht gerade jetzt Else und Herr de Charry auf den Balkon hinaus getreten wären.

Wie alle sehr jungen Mädchen wurde Else angesichts der verschiedenen Fremden verlegen, sie machte ein compliment prolongé, wie es feierlicher nicht ausfallen konnte, und bat stockend Helene, sie vorzustellen.

„Meine Schwester Else; dies ist Fräulein Helwing, unsere liebe Nachbarin, und hier Herr — Techniker Steinfeld, dessen Du Dich aus Deiner Kinderzeit her sicher noch erinnerst“, sprach die Kranke, das Wort „Techniker“ ein wenig betonend, und ihre Schwester dabei mit den klaren braunen Augen bedeutsam anblickend.

„Hoffentlich kennen Sie mich noch, liebe Else“? fragte Magnus einigermaßen unbehaglich.

„Natürlich, Herr Techniker“, entgegnete das junge Mädchen, und ein Lächeln, so schlau und dabei so fein, daß nur Helene und Steinfeld es verstanden, spielte um ihren frischen rosigen Mund und beruhigte den jungen Mann vollständig.

Es giebt Menschen, denen man alles handgreiflich vorhalten, alles in seiner ganzen Länge und Breite unter die Augen legen muß, damit sie es sehen, hören und fassen, und wieder andere, welche vor jedes sichtbare Sinnesorgan noch ein unsichtbares von der Natur mitbekommen haben, so daß sie mit diesem längst wahrgenommen haben, was jenes erst viel später sehen oder hören kann .... zu letzteren zählte Else. Sie verstand sofort, daß Magnus Steinfeld sich in den Titel Techniker wie in ein Asyl vor seiner Berühmtheit rettete, und an ihr sollte es nicht liegen, wenn irgend etwas ihn aus dieser Zufluchtsstätte vertrieb.

Nach einigen Minuten lebhafter allgemeiner Unterhaltung erhob sich Lucie.

„Die Sonne empfiehlt sich eben von dem Plateau des Sandbodens. Nun wird es gleich neblig und kühl im Thale werden, da muß ich meinen Pflegesohn nach Hause bringen“, sagte sie.

„Aber ich sehe Sie doch bald wieder?“ fragte Helene bittend.

„Jeden Tag, gnädiges Fräulein, bis Sie meiner überdrüssig sein werden“, meinte Lucie lachend und verabschiedete sich von den Schwestern; die übrigen trennten sich gleichfalls.

„Geh nun auch in's Zimmer, Helene“, sprach Else.

„Sogleich, Kind. Sieh doch, wie lieblich die fernen Berge in der Abenddämmerung verschwimmen, und wie düster und imposant auf einmal der Sandboden aussieht.“

„Ich sehe es. Aber komm hinein.“

„Sofort. Da nach Höchenschwand zu ist es heller und freundlicher, aber rechts schon tiefe Nacht. Es ist so einzig schön hier, daß ich gar nicht fasse, wie es Menschen geben kann, deren Augen für so viel Reiz blind sind — wie Magnus.“

„Ach, der Techniker!“ rief Else, und jetzt lachte sie laut in die stille Abendluft hinein.

„Ruhig, Else, nichts verrathen! Er sieht krank aus, und wir sollen ihn gesund pflegen, schreibt Erwin.“

„Vor allen Dingen wollen wir uns nicht selbst krank machen, jetzt kommst Du“, sagte Else, die Schwester aufrichtend und mit zärtlicher Sorgfalt in das Zimmer geleitend. Dort führte sie dieselbe zu einer Chaiselongue, setzte sich auf eine Fußbank zu Helenens Füßen und erzählte ihr von dem Croquetspiel am Nachmittage.

„Ich gewann, aber darüber freute ich mich nicht halb so sehr, als daß Charry verlor. O, wie seine Augen blitzten und die Zähne knirschen! Er war ganz blaß vor Zorn und sah in diesen Augenblicke wirklich bildhübsch aus. Wie doch so ein Franzose alles lebhafter empfindet als wir Deutschen.“

„Und weil er es thut, so darfst Du ihn nicht so oft ärgern“, meinte Helene ernst.

„Bah, es wäre ohne diesen Spaß ja schrecklich langweilig hier“, antwortete Else mit der sorglosen Grausamkeit der Jugend. „Und überdies ist er noch ein halbes baby“, fügte sie nach einem kurzen Privatgedankengange hinzu. Herr de Charry war nämlich vierzehn Tage jünger als sie selbst.

Helene lächelte zerstreut und hörte nur mit halbem Ohre, was die Schwester über den Endruck sagte, welchen Lucie Helwing auf sie gemacht. Else war sich noch nicht klar darüber, ob das heitere, vornehm sichere Wesen der jungen Dame sie ärgere, oder ihr imponiere ... auf alle Fälle sei das Hübscheste an ihr der reizende kleine Neffe. „Meinst Du nicht auch?“ schloß sie.

Aber Helene antwortete nicht, sah starr vor sich hin und schien in eine tiefe Betrachtung versunken.

Else blickte sie erst erstaunt, dann unruhig an und fragte endlich, die Hand der Kranken ergreifend, geradezu: „Was hat Erwin geschrieben?“

„Daß er in acht Wochen die Operation vornehmen wird, wenn nicht bis dahin eine ungünstige Wendung in meinem Befinden eintritt“, antwortete Helene zögernd.

„In acht Wochen?“ wiederholte Else mit vor Schreck fast rauher Stimme, stand auf, räumte verschiedene Sachen, welche sie vorher durchaus nicht gestört hatten, weg und trat endlich still auf den Balkon hinaus, wo sie angesichts des soeben in sanfter Klarheit über den Sandboden heraufschwebenden Mondes ihren Kummer um die geliebte Schwester ausweinte.

IV.

Willst du lesen ein Gedicht,
Sammle dich wie zum Gebete,
Daß vor deine Seele licht
Das Gebild des Dichters trete;
Daß durch seine Form hinan
Du den Weg dir aufwärts bahnest,
Und — wie's Dichteraugen sahn —
Selbst der Schönheit Urbild ahnest.

A. Stöber.

Wenn wir ein Ziel vor Augen haben, dessen Erreichung für uns mit Annehmlichkeit und Freude verbunden ist, wie scheint da die Zeit zu schleichen, ja, still zu stehen, bevor der ersehnte Tag endlich herbeikommt; und wiederum: wenn uns ein harter, böser, entscheidender Augenblick bevorsteht, vor welchem wir zittern, den wir hinausschieben möchten, und welchem uns doch mit unerbittlichem Vorwärtsschreiten jede Sekunde näher bringt, wie eilt, wie fliegt dann die Zeit, die wir sonst so träge fanden.

Helene erklärte, daß die Tage in St=Blasien ihr unheimlich schnell vorübergingen. Freilich wußte sie am besten, was bei der Operation für sie auf dem

Spiele stand, denn sie fühlte, wie das jahrelange Siechthum ihre Kräfte so erschöpft hatte, daß es sich in dem furchtbaren Augenblicke nicht um ferneres Kranksein oder endliche Genesung, sondern um Tod oder Leben handeln werde. Trotzdem war sie fest entschlossen, sich der Operation zu unterziehen, — lieber sterben, als solch ein Dasein fortsetzen!

Etwas Aehnliches sprach sie einmal gegen Lucie aus, als diese den Heldenmuth bewunderte, mit welchem Helene dem schmerzhaften Unternehmen entgegensah.

„Nur weil Sie in Ihrer blühenden Kraft sich nicht vorstellen können," sagte die Kranke, „was es heißt: bei lebhaftem Geiste an einen ohnmächtigen Körper gefesselt zu sein, staunen Sie über einen Entschluß, der lieber der furchtbarsten Gefahr ins Auge sieht, als daß er noch ferner den gegenwärtigen Zustand ertrüge. — Ueberdies wird die Operation unter der Oberaufsicht des berühmten Chirurgen Professor S. von einem Manne vollzogen werden, der eigens für diesen Fall von der Juristerei — er war bereits Assessor — zur Medicin übergegangen ist und so mühevolle Vorstudien für dieses spezielle Unternehmen gemacht hat, daß es Unrecht und Undankbarkeit wäre, wenn ich mich nach alledem feige vor der endlichen Entscheidung zurückziehen wollte."

„Erlauben Sie mir eine Frage“, meinte Lucie; „weshalb, da Sie so wie so entschlossen waren, sich operieren zu lassen, ist dies nicht längst z. B. von jenem berühmten S. geschehen? Damit wäre Ihnen doch eine lange Qual, und dem Assessor die Umsattelung zur Medicin erspart worden.“

„Es unterblieb, weil keiner der Aerzte, an die ich mich wandte, auch S. nicht, den Schnitt wagte“, antwortete Helene ruhig.

Da wußte Lucie, wie es stand, und während ihre blauen Augen sich mit Thränen füllten, beugte sie sich über die magere weiße Hand der Kranken und küßte dieselbe in innigem Mitgefühle.

„Sie liebes, liebenswürdiges Geschöpf!“ sagte Helene gerührt, indem sie dem jungen Mädchen sanft über das wellige Blondhaar strich. „So! Und nun wollen wir wieder fröhlich sein und unsere Hoffnung auf Gott und Erwin Steinfeld setzen.“

„Steinfeld? Ist dies ein Bruder des Technikers?“ fragte Lucie, welcher plötzlich das Verständnis für die Beziehungen zwischen Magnus und Helene aufdämmerte.

„Gewiß. Und Erwin Steinfeld war mein Bräutigam. Ich sage: war, weil ich ihm, als ich verunglückte, sein Wort zurückgab, damit er nicht an einen Krüppel gebunden sei. Freilich hat er von dieser Freiheit keinen anderen Gebrauch gemacht, als, wie ich Ihnen schon erzählte, seinen bisherigen Beruf aufzugeben und Chirurgie zu studieren. O, wenn Sie ihn kennten, ihn und seinen Edelmuth!" Sie blickte mit glänzenden Augen vor sich hin.

„Und ich glaubte, dieser Herr Magnus liebe Sie!" rief Lucie.

„Bewahre! Magnus liebt nur einen Menschen auf der Welt, und das ist dieser Bruder. Er verdankt ihm seine Laufbahn, die er durchaus gegen den Willen seiner Eltern durchsetzte." Sie erschrak, besann sich indeß, daß sie noch nichts verrathen, und fuhr fort: „Denn da der älteste Sohn studiert hatte, so sollte der jüngere dereinst das Gut der Eltern übernehmen und deshalb Landwirth werden. Auf eben diesem Gute war es, wo ich, von Magnus im Scherze halb gezwungen, jenen Ritt unternahm, bei welchem ich mit dem Pferde stürzte und mir die complicierte Verletzung zuzog, welche mich jetzt fünf Jahre an den Krankenstuhl fesselt."

„Fünf Jahre!" wiederholte Lucie, und der Ton ihrer Stimme bewies, daß sie sich der Wucht des Elends in diesen zwei Worten bewußt war.

„Und seit so langer Zeit trägt sich Magnus mit der Schwere des Vorwurfs, daß er allein an allem Unglück schuld sei. Als ob uns Gottes Hand nicht auch ohne seine Einmischung hätte treffen können!"

„Der arme Mann!" flüsterte Lucie.

„Ach, es war anfangs entsetzlich! Wir alle glaubten, er werde wahnsinnig werden, so quälte er sich in Reue und Verzweiflung. Damals rettete ihn seine Kunst...“ wieder erschrak sie und blickte Lucie bestürzt an.

Diese indessen, welche von der Thätigkeit eines Technikers höchst unbestimmte Begriffe hatte, erwiderte harmlos:

„Ich kann mir wohl vorstellen, daß ein eifriges Versenken in seinen Beruf einem das verwirrte Gemüth wieder zurechtrückt.“

Helene aber dachte an das Wort der Königin von Rumänien: „Ein Geheimnis ist wie ein Loch im Gewande; je mehr man es zu verbergen sucht, desto mehr zeigt es sich“... und als ein Unrecht empfand sie es dem offenen theilnehmenden Wesen Luciens gegenüber, in der kleinen Komödie des Inkognitos aus Rücksicht auf Magnus verharren zu müssen. Unbehaglich blickte sie zum Fenster hinaus, — denn sie konnte, weil es heut draußen windig und kühl war, das Zimmer nicht verlassen, — und antwortete auf Luciens Frage: ob sie ihr nun vorlesen dürfe? nur mechanisch, daß sie darum bitte.

Lucie schlug das mitgebrachte kleine Buch auf — es war Ernst Scherenbergs Liedercyklus „Verbannt“ — und sagte, bevor sie begann: „Es wäre mir wie eine Roheit erschienen, Ihnen in Ihrem jetzigen

Gemüthszustande etwas Lustiges vorzulesen.“ Helene nickte ihr dankbar zu und lauschte erst erstaunt, dann bewundernd und endlich hingerissen Luciens Vortrage.

Es giebt selbst unter den Gebildeten so wenige, welche vorzulesen verstehen, daß der Kranken wie eine Offenbarung vorkam, was sie hörte. Da war kein Pathos und keine Eintönigkeit, kein Hasten und kein Schleppen, kein geflissentliches Hervorheben und kein gewaltsames Unterdrücken der Reime — es war nur echtes schönes reines Gefühl, in edlen Versen zu Gehör gebracht: es war Wehmuth, trotzige Bitterkeit, aufflammende Lebenskraft, Entsagung, weiche Erinnerung, Verzweiflung... und endlich schwermüthige Freude, da, wo der Sterbende erfährt, daß ihm das Vaterland wieder offen steht, — jedoch zu spät:

„Mein Auge wird die Heimath nicht mehr sehen,
Nur meine Asche leg' in deutsches Land; —
Mich aber laß in jene Heimath gehen,
Aus der kein Fürstenwort uns mehr verbannt.“

— Es folgte ein langes Schweigen, Lucie war von dem Stoffe, Helene von dem Vortrage zu sehr bewegt. Endlich rief die Kranke: „Sie sind ja eine Künstlerin!“

„Warum? Weil ich lesen, weil ich diesem Dichter den Schmerz der Verbannung nachfühlen kann? O gnädiges Fräulein, dazu gehört nur ein wenig Phantasie und mehr als zwei Töne in der Stimme.“

„Und eine ausgezeichnete Geistesbildung und ein feines musikalisches Ohr,“ ergänzte Helene.

„Aber Sie sagen nur ein Lob über den Vortrag und keines über das Buch,“ rief Lucie halb geschmeichelt, halb geärgert.

„Man spricht zumeist über das Neue. Ihre Lesekunst kenne ich erst seit zehn Minuten, und „Verbannt“ seit zehn Jahren.“

„O!“ rief Lucie betrübt, „warum haben Sie mir das nicht gleich gesagt?“

„Ist Ihnen ein Freund, weil er alt ist, deshalb weniger lieb?“ fragte Helene dagegen.

„Nein, und Sie haben Recht. Aber künftig will ich mich doch im Voraus erkundigen, ob Ihnen meine Bücher schon bekannt sind.“

V.

O Thäler weit, o Höhen,
O schöner grüner Wald,
Du meiner Lust und Wehen
Andächt'ger Aufenthalt!
J. v. Eichendorff.

Liebe Lilli!

Mehr, immer mehr soll ich Dir von St-Blasien erzählen, obgleich wir bald am zweiten Dutzend Briefe stehen? Und ich führe doch ein so stilles beschauliches Dasein, wie ich ein solches in unserem unsoliden Stadttreiben bisher nicht für möglich gehalten hatte. Da giebt's keine Gesellschaften, deren lendemains man durch Abwesenheit jedes Gedankens und Anwesenheit von Kopfschmerzen feierte, kein Theater, und für den, welcher sich nicht muthwillig in diese Gefahr begiebt, keine Musik (— Lilli, wenn Du diese morgens achtbeinige, nachmittags zehnbeinige Kurkapelle hörtest! —)... ich steige um neun Uhr neun Minuten neun Sekunden ins Bett und stehe um sechs Uhr sechs Minuten sechs Sekunden wieder auf. Alles ist hier ländlich, einfach, kindlich. Ich werde nächstens gleich Horaz Kohl bauen und Satiren über das Stadtleben schreiben.

Da die Nachmittage jetzt ein für allemal meiner interessanten Kranken gehören, so habe ich die Spaziergänge mit Kurtchen auf die Morgenstunden verlegt. Und da schaut die Natur noch ganz anders aus. Wenn ich von irgend einer der Anhöhen sehe, wie die Morgennebel über dem Albthale schwanken, sodaß die höher gelegenen Häuser mit ihren Ziegeldächern wie rothe Inseln aus weißem Meere hervorragen; wenn auf jedem Hälmchen, jedem Blättchen im Sonnenlichte die Thautropfen blitzen und funkeln, wenn die Vögel lustig ihr Morgenlied in die würzige Waldluft hineinschmettern, — dann Lilli, weiß ich erst, was wir Städter entbehren.

Und noch etwas anderes bietet einem in St-Blasien solch gesegnete Frühstunde. Bevor ich Dir indessen verrathe, was, laß mich Dich daran erinnern, daß wir von Kindheit an mit einander die Schönheiten der Ebene zu empfinden Gelegenheit gehabt: wir haben das Meer in allen seinen Wundern gesehen, die herrlichsten Sonnenuntergänge und selbst einige Sonnenaufgänge genossen, wir haben sogar — und dessen können sich nicht viele rühmen — eine jener seltenen und wundersamen Luftspiegelungen auf der Lüneburger Haide erlebt . . . aber die Offenbarungen der Natur im Hochgebirge hatte uns ein neidisches Geschick noch immer vorenthalten. Und obwohl wir alle Bücher über Gebirgsländer, welche uns der Zufall in die Hände spielte, eifrig durchlasen, alle Bilder aus dieser Märchenwelt mit Hingebung betrachteten, fühlten wir doch, wie unzulänglich ein solcher Ersatz für die köstliche Wirklichkeit ist. Deshalb macht der Schwarzwald einen so mächtigen Eindruck auf mich, und deshalb erscheinen Dir meine Briefe so ersehnenswerth: Du erblickst durch sie gewissermaßen mit meinen Augen die Natur hier selbst. Und nun — um von der langen Einleitung auf den Kern der Sache zu kommen — begleite mich auf einem jener Morgenspaziergänge (es war gestern) meinen lieben schönen Sandboden hinauf. Ich stehe davon ab, Dir den Weg bergauf durch den thauigen schweigenden Wald zu schildern. Oben auf dem Plateau spähte ich wie gewöhnlich scharf nach Südosten aus... ich habe nämlich an besonders hellen Nachmittagsstunden die bairischen Alpen von hier zuweilen dämmern sehen, und jetzt, da ich zum ersten Male in der klaren Morgenluft so hoch oben stehe, erkenne ich deutlich die karakteristischen Umrisse des Zugspitz, davor die lieblichen Contouren der bairischen und Algäuer Alpen. Und nun, eigentlich zufällig, denn ich hatte bislang dort weder etwas bemerkt noch gesucht, wende ich die Augen rechts von der Fichtengruppe auf dem

Plateau — — und sehe eins jener Wunder der Schöpfung, die kein Mensch beim ersten Anblick ohne Entzücken betrachten kann.

Wie von Meisterhand mit zartem Pinsel auf hellblauen Hintergrund gemalt, nach unten halb verdämmernd und doch in jeder Linie erkennbar, vom Morgenlichte rosig übergossen, lagen vor mir — die Gletscher der Schweiz. Es war keine Fata Morgana, wie ich im ersten Augenblicke glaubte; da standen sie wirklich, die Riesen Europa's, und streckten ihre schneegekrönten Häupter gen Himmel! Die Sonnenstrahlen glitten langsam tiefer an den Eisfeldern hinab, ihr rosiger Schimmer wurde nach und nach weißer ..... und ich stand noch immer an derselben Stelle und wußte nicht, daß — nun, Du, Lilli, wirst mich nicht auslachen: daß mir die Thränen vor Ergriffenheit über das Gesicht flossen, und daß ich, in diesem erhabenen Anblicke Gottes Nähe fühlend, die Hände gefaltet hatte. Die Schuhe hätte ich ausziehen mögen, weil mir, gleich Moses vor dem feurigen Busche, zu Muthe war, als stehe ich auf heiligem Boden.

Wie lange ich so verzaubert dagestanden, weiß ich nicht; ich weiß nur, daß ich plötzlich furchtbar erschrak und mir meiner verweinten Augen sehr beschämend bewußt wurde, als neben, oder besser über mir (denn er ist ja so ewig lang, daß einem schwindlig wird, wenn man an ihm hinaufschaut) Herrn Steinfelds ungerührte Stimme fragte: „Sie sehen wohl die Alpen heut zum ersten Male?“ Wenn ich jetzt meinem brennenden Wunsche nachgegeben hätte, so wäre ich schnurstracks den Berg hinuntergelaufen, bis nach St-Blasien hinab und hinein in mein stilles Kämmerlein. Aber man ist ja sehr wohlerzogen, daher erwiderte ich ein gesetztes: „Allerdings“, that äußerst unbefangen, suchte nach Kurtchen, der mir über meiner Schweiz-Entdeckung spurlos abhanden gekommen war, fand ihn endlich hinter einer Fichtengruppe auf der Jagd nach einer flügellahmen Krähe, und ließ mir dann, alles in dem blasierten müden Tone, der dem Techniker eigen ist, erzählen, daß man da drüben von Höchenschwand bei Sonnenauf- und -untergang eine weltberühmte Aussicht auf die Alpen habe, von welchen man ja vom Sandboden aus nur einen beschränkten Theil erblicke, und daß die Berge, die im hellen Tageslichte soeben zu verschwinden begannen, der Sentis, der Tödi seien, dort der Titlis und der Pilatus, dahinter die breite weiße Gruppe: Jungfrau, Mönch und Eiger, und ganz rechts gerade noch die östliche Seite des Monte Rosa. Nun, er hat sicher nicht geahnt, daß mich bei jedem dieser Namen Schauer der Ehrfurcht überliefen, — sie waren ja die Sehnsucht schon unserer Kinderherzen, Lilli. Ich fragte ihn, ob er die Schweiz kenne, und da lächelte er; die Frage war freilich dumm, weil ich aus seinen Gesprächen hätte herausfinden können, daß sein Beruf ihn an alle bedeutenden und schönen Orte der Erde geführt hat.... Madame de Charry sagte einmal, daß es für ihn nichts Neues unter der Sonne gäbe, er kenne die alte und neue Welt comme sa poche.

Etwas von der Erregung des Morgens mochte wohl noch nachmittags in mir nachzittern; aber Fräulein Berg setzte es auf Rechnung der Lektüre, und die anderen halte ich nicht für feinfühlend genug, es überhaupt herausgehört zu haben. „Die anderen?" fragst Du. Ja, Herr Steinfeld und die schnippische Else, letztere zum Grame des jungen de Charry zuweilen mitten aus der Croquetpartie heraus, verfehlen nie, sich Punkt drei Uhr auf dem Berg'schen Balkon, oder bei unfreundlichem Wetter in Fräulein Helenens Wohnzimmer um die Kranke zu versammeln, und der „Vorlesung" anzuwohnen. Man findet nämlich, — hört es, Du, und Ihr übrigen Blättlein des „klassischen Kränzchens", — daß ich „vollendet schön" lese, und da Ihr alle mir in dieser Kunst zum mindesten ebenbürtig seid, so betrachtet diese Anerkennung als eine der norddeutschen Bildung gezollte süddeutsche Huldigung.

Allerdings stehen wir augenblicklich mitten in einem Buche, das selbst den ungeübtesten Vorleser hinreißen, den kältesten Zuhörer erwärmen müßte, — Ihr kennt und liebt es ja alle mit mir: Webers „Dreizehnlinden.“ Mit wahrem Raffinement höre ich allemal „meines Halses wegen“ (ich, die ich so etwas wie Halsschmerzen nur dem Namen nach kenne!) an der packendsten Stelle auf und lausche dann mit Behagen den Debatten, welche sich über das Gehörte erheben, natürlich zumeist zwischen den beiden Schwestern; Herr Steinfeld betheiligt sich nur selten daran, aber wenn er es thut, so beweist er, daß er aufmerksam zugehört hat, obwohl er beim Vorlesen fast immer gleichgiltig auf die Berge, oder noch gleichgiltiger auf meine Wenigkeit blickt. Jetzt sind wir bei der Stelle, wo das geheimnisvolle Christenkreuz an der Heideneiche aufgerichtet worden ist. Else schwört darauf, daß es Hildegunde nicht gethan, und möchte am liebsten die kleinen Füße, deren Spur das Gras noch aufweist, dem schelmischen wilden Eggi andichten.

Was wären wir ohne Bücher! Sie sind unsere treuesten Freunde, denn sie sind immer zur Hand, wenn wir sie brauchen, sie rathen und trösten uns, wenn wir unsicher oder traurig sind, sie erheitern uns die Einsamkeit und beleben uns die Oede. Jedesmal, wenn mich ein Buch so recht in der Seele freut und erquickt, denke ich an jenen weisen Alphons von Aragonien, welcher sagte: „Vieles besitzt der Mensch, vieles begehrt er, aber unter allen Gütern des Lebens sind nur folgende wichtig: altes Holz zum Brennen, alter Wein zum Trinken, alte Freunde zur Gesellschaft und alte Bücher zum Lesen — das Uebrige ist Lumperei.“ Ein so kluger Mann wie dieser König stellt vier so verschiedene Dinge nicht ohne beabsichtigte Steigerung übereinander; da er die Bücher zuletzt nennt, so mußte er sie für das bedeutendste halten: und o! wie kann ich ihm das nachfühlen. Wie Liebig die Menschen nach ihrem Verbrauch von Seife abschätzt, — sans comparaison, aber ein rechter Seifensiederstandpunkt, wie Du mir zugeben wirst, — so möchte ich sie nach dem Bestande ihrer Bibliothek taxieren.

— Hast Du unseren gemeinsam angebeteten Bariton wieder einmal als Telramund oder als Fliegenden Holländer gehört? O Musik — siehst Du, Lilli, Musik hat der weise aragonische König vergessen! Er muß unmusikalisch gewesen sein, — Musik ersetzt ein Buch. Spricht sie doch auch eine beredte Sprache, und zwar eine Weltsprache, die dem Deutschen, dem Engländer, dem Franzosen und dem Hottentotten geläufig ist, — ach, und mein empfängliches Ohr bekommt sie hier nicht zu hören! Fräulein Berg hat mir noch nichts gesungen, vielleicht, weil ich bisher nicht gewagt habe, sie darum zu bitten, und was die hiesige Kurmusik betrifft, so spricht diese nicht international und scheint nur eingeborenen Schwarzwald-ohren verständlich, gerade so wie die hiesige Volks-sprache.

So höre denn für mich mit, wie ich hier für Dich sehe, und denke bei einer besonders schönen Melodie mitfühlend Deiner

Lucie.

VI.

O Land der sanften Nachtigallen,
Verlornes Jugendparadies,
Daß ich aus deinen grünen Hallen
Erbarmungslos mich selbst verstieß!
A. Meißner.

Magnus Steinfeld war an jenem Morgen auf dem Sandboden durchaus nicht so gleichgiltig gewesen, wie Lucie Helwing angenommen hatte. Aber nicht der unvergleichliche Anblick der Gletscher im Frühroth hatte ihn bewegt, sondern die Wahrnehmung, daß eine Erscheinung der stummen Natur — er nannte sie stumm, und für ihn war sie es auch, denn nur zu dem, welcher ihr ein offenes empfängliches Herz entgegenbringt, redet sie in ihrer göttlichen Sprache — einen Menschen bis zu einem solchen Grade ergreifen könne. Als Künstler hatte er es hundert und hundert Mal vermocht, den Enthusiasmus seiner Zuhörer vom jauchzenden Beifall bis zu dem lautlosen Schweigen tiefster Erschütterung zu steigern, — daß der Anblick beleuchteter Schneeberge eine eben so starke Wirkung hervorbringen konnte, war ihm neu. Und in der Erinnerung an das thränenüberströmte, in naiver Verklärtheit strahlende Gesicht der sonst so verständigen jungen Dame überkam es ihn wie eine Art Trauer, daß seiner Seele so jede Kindlichkeit des Gefühls verloren gegangen. Hatte dieselbe überhaupt jemals welche besessen? Er wußte es nicht; war es der Fall gewesen, so war diese zarte Saite von dem Beifall der Menge, der geräuschvollen Anbetung des Publikums jedenfalls sehr früh übertönt worden. Noch ein halbes Kind, stürzte er sich, berauscht von seinen Triumphen, verwöhnt, vergöttert von seiner Umgebung, in den Strudel des tollsten Treibens...

„Und warf sich in den Staub der Welt:
Der schöne Gott in ihm war todt.“

Freilich der Genius in ihm entfaltete dafür um so weiter und stärker seine Schwingen; es war, als wachse er zusehends unter dem Lichte der allgemeinen Bewunderung, und diese letzten fünf Jahre hatten ihm an irdischen Ehren und Auszeichnungen überreiche Gaben dargebracht. Daß es innere Unruhe, der quälende Vorwurf, durch Helenens Unglücksfall seinem Bruder den herbsten Schmerz zugefügt zu haben, war, welcher ihn Trost und Vergessen in seiner Kunst, und zwar nur in dieser, suchen und finden ließ, das allerdings ahnte niemand von allen denen, welche die bloße Ankündigung seines Namens in die Concertsäle lockte. O, er litt, und je geheimer, je unausgesprochener, desto aufreibender. Und dabei immerwährend die gesellschaftliche Unruhe, die gewaltsame körperliche und geistige Aufregung, die ihm zu Ehren veranstalteten Festlichkeiten — — Magnus faßte sich bei solcher Erinnerung an den Kopf, er wunderte sich, daß ihm dieser nicht gesprungen. Wie wohl that ihm hier die Ruhe, die Unerkanntheit und Weltverborgenheit, der Verkehr mit den beiden anmuthigen, dabei unter einander so verschiedenen Mädchen — Else zählte bei ihm noch nicht mit —, deren gehaltvoller reiner Geist ihm Achtung einflößte, ihm, dem so unendlich viele Frauen, und darunter so wenige von Luciens und Helenens Art den Lebensweg gekreuzt hatten.

An Lucie machte er eine Erfahrung, die ihm, wenn er eitler gewesen, schmerzlich genug hätte erscheinen können, ihn aber, so wie er war, eher ergötzte...... er erkannte zum ersten Male, daß bis jetzt immer der Künstler, nicht der Mensch in ihm verehrt worden war; wenigstens wußte er genau, daß, wenn Lucie auch nur eine Ahnung davon gehabt hätte, wer er sei, ihr Benehmen nicht so unbefangen gleichgiltig geblieben wäre, sondern entweder schüchtern oder begeistert, und mit beidem wäre ihm nicht gedient gewesen. Er betrachtete das junge Mädchen mit jener verwunderten Theilnahme, die vielleicht ein Lahmgeborner beim Anblick eines Seiltänzers empfindet, und weit davon entfernt, Lucie den Hof zu machen, — beinahe kannte er von diesem Verbum nur das Passivum — ließ er doch keine Gelegenheit vorübergehen, mit ihr zusammen zu sein, und sich, ihm selbst halb unbewußt, an der Frische ihres Geistes im Stillen zu laben. Die Lesestunden bei Helene waren ihm deshalb das bedeutendste Ereigniß des Tages, und wenn, was zuweilen vorkam, ein Besuch Madame de Charry's die deutsche Lektüre unmöglich machte und die Geister in die Bahn leichter Unterhaltung zwang, wobei schon des Ausdrucks in der fremden Sprache wegen die Gedanken über das angeschlagene Thema nicht immer in ihrer ganzen Tiefe zu Gehör gebracht werden konnten, dann hatte Magnus Mühe, seine Verstimmung zu verbergen.

Heut las Lucie den Schluß von „Dreizehnlinden.“ Als sie geendet, schloß sie langsam das Buch, und um den sehr ergriffenen beiden Schwestern — Else weinte, und Helene war zum mindesten nahe daran — Zeit zu geben, sich zu fassen, sagte sie: „Wenn ich bei verschiedenen Litteraturgeschichtsschreibern die Behauptung lese, daß seit unseren Klassikern auf dem Gebiete der Dichtkunst nichts Bedeutendes mehr geleistet worden ist, und daß wir in elendem Epigonenthume schmachten, so kann ich mich des Gedankens nicht erwehren, daß diese Herren die Werke unserer neuesten Dichter gar nicht zu Gesicht bekommen haben; denn über dem vielen Schlechten und Mittelmäßigen das mancherlei Gute so zu übersehen, wäre zum mindesten tadelnswerthe Flüchtigkeit, wenn nicht Schlimmeres. — Oder meinen Sie nicht, daß man dieses „Dreizehnlinden“ ohne Scheu auf Goethes „Faust“ vorlesen könnte?“

„Gewiß“, erwiderte Helene; „es wäre wie sanftes Mondlicht auf blendenden Sonnenschein.“

„Hoffentlich wollten Sie mit dieser Bemerkung nicht daran erinnern, daß das Mondlicht 618,000 Mal schwächer ist als der Sonnenschein“, rief Lucie warm.

„O, nicht entfernt. Aber wie gelehrt Sie sind!“

„Wahrhaftig!“ meinte Else aus ihren Thränen heraus in jenem vorlauten Tone, wie er nur Damen dieses Alters zu Gebote steht, „mit Kenntnissen vollgepfropft wie ....“

„Wie Sie mit Bosheiten,“ schlug Lucie gemüthlich zum Vergleiche vor. „Aber was Sie, gnädiges Fräulein, bewundern, und Sie, Fräulein Else, verspotten, ist nichts als ein gutes Gedächtnis, für welches ich weder in Ihrem noch in Ihrem Sinne etwas kann.“

„Doch, Gnädigste; Sie haben es sorgfältig ausgebildet,“ sagte Magnus.

„Nicht ich, sondern meine Lehrer, — und schöne Augen würde mein alter Litteraturprofessor machen, wenn er gehört hätte, daß ich soeben heutige Dichter unseren Klassikern so ohne Umstände angereiht, und „Dreizehnlinden“ und den „Faust“ in einem Athem ausgesprochen habe. Er gehört zu jener Art von Gelehrten, welche — wie Juana die Wahnsinnige die Leiche ihres Gemahls — die schön einbalsamierte, hieroglyphenbedeckte Mumie der guten alten Zeit beständig mit sich herumschleppen und für alles Lebende und Frische kein Interesse haben. Gott erhalte einem doch ein junges Herz!“

„Amen,“ sagte Helene und schaute lächelnd auf Magnus. An den hatte nun zwar Lucie bei ihrer Bemerkung nicht gedacht, indessen gönnte sie ihm immerhin den kleinen Stich.

Magnus hatte gelassen dreingesehen und beantwortete jetzt Helenens Lächeln durch einen nachdenklichen Blick auf Lucie, als ob er dieses Wunder geistiger Elastizität noch immer nicht zu fassen vermöchte.

„Glauben Sie, daß es Menschen giebt, die überhaupt nie jung gewesen sind?“ fragte er Lucie.

„O ja, ich selbst kenne jemand, der wenigstens sechzig Jahre alt gewesen sein muß, als er auf die Welt kam“, entgegnete diese lachend.

„Sie reichen mir Steine statt Brot. Ich fragte im Ernst.“

„Und so antwortete ich,“ meinte sie unendlich belustigt.

„Jungbrunnen!“ sprach Magnus lakonisch.

Das Wort hallte noch in Luciens Seele nach, als sie abends in ihrem Zimmer am Fenster stand und auf das mondbeglänzte St-Blasien hinuntersah, aus welchem fast majestätischer noch als am hellen Tage der Dom mit der wundervollen Kuppel sich erhob. Nie zuvor war ihr so deutlich zum Bewußtsein gekommen, was für ein Göttergeschenk die Jugend sei, nicht nur die des Körpers, sondern vor allem die des Geistes. Und ein tiefes Mitleid beschlich sie mit demjenigen, welcher dieses kostbare Gut verloren und dabei dessen Werth erkannt hatte... „Helene Berg“, dachte Lucie, „hat durch ihre jahrelangen Leiden die Jugend ihrer Seele gleichfalls eingebüßt; aber sie fühlt es nicht — wohl ihr!“ —

VII.

Saß ich früh auf einer Felsenspitze,
Sah mit starren Augen in den Nebel;
Wie ein graugrundiertes Tuch gespannet,
Deckt' er alles in die Breit' und Höhe.

Goethe.

Kurtchen machte am nächsten Morgen die betrübsame Entdeckung, daß seine Ameisenlöwen auch die letzten der gefangenen Thierchen in die listig gegrabenen Sandtrichter gelockt und aufgezehrt hatten. Er hatte geglaubt, der Vorrath würde länger ausreichen, nun mußte er die Tante bitten, ihn an einen Ameisenhaufen zu begleiten, um in dessen Nähe eine offene Flasche in die Erde zu setzen, in welche hinein die armen Ameisen fallen sollten. Lucie sagte gern zu.

„Tante, ich weiß einen Bau, wo prachtvoll große sind... aber das ist sehr weit.“

„Nun, wenn Deine kleinen Beinchen Dich bis dorthin tragen, so kann ich für meine Person das Wagnis am Ende auch übernehmen“, antwortete sie schelmisch. So wurde denn zum Ausgange gerüstet, und fort ging es, hinein in die Berge.

Anfangs durch den neuen Weg und dessen Schönheiten, dann von dem Geschäft des Flasche-Eingrabens völlig in Anspruch genommen, hatte Lucie nicht bemerkt, daß der vorher so helle Himmel sich mit Wolken umzogen hatte. Erst als sie bei einem zufälligen Umblick sich und das Kind wie in dünne graue Schleier verwebt fand, und die Contouren der Umgebung mehr und mehr verschwinden sah, wurde sie aufmerksam.

„Sieh doch, Kind, was geschieht denn auf einmal mit uns?“ fragte sie unruhig.

Kurt sah flüchtig auf. „O nichts weiter, Tante; wir sind nur in einer Wolke“, meinte er gleichgiltig und widmete sich wieder seinen Ameisen.

In einer Wolke! Was man hier nicht alles erlebte! Wenn Lucie daheim gelesen hatte, daß jemand in die Wolken gerathen, so war ihr das immer ungeheuer poetisch erschienen; nun fand sie die Wirklichkeit nicht ganz so angenehm, wenigstens wurde ihr etwas bänglich zu Muthe, als allmählig selbst die nahen Bäume ungewisse Umrisse annahmen, und die Luft feucht und kalt wurde. Es war ihr ein peinlicher Gedanke, so weit von Hause entfernt zu sein, deshalb nahm sie Kurtchens Bemerkung, er wisse einen näheren Weg durch den Wald, willig auf und vertraute sich der Führung des Knaben an. Nun hätte dieser bei Sonnenschein oder sonstiger normaler Witterung auch sicher den richtigen Weg gefunden; aber irregeleitet durch den dichten Nebel, verfehlte er die Richtung, und die beiden geriethen zuletzt in sumpfigen Boden. Lucie ängstigte sich um ihren Neffen, diesen wiederum kränkte es, daß er vor der Tante so schlecht als Führer bestanden. So schwiegen sie lange und stapften mühsam vorwärts, aufs Gerathewohl durch das Hochmoor und den Wald.

„Es wird mir nichts übrig bleiben, als zu rufen; vielleicht, daß ein Holzschläger zufällig in der Nähe ist", sagte Lucie und jodelte laut. Von rechts antwortete eine tiefe Stimme in denselben Tönen.

„Ist dort ein Weg?" rief sie in das ungewisse Grau hinein. Aber der Fremde mußte zu weit entfernt sein, um die Worte zu verstehen, es klang nur wieder der Jodler zurück. Nun nahm Lucie das Kind bei der Hand und schritt tapfer nach rechts hinüber, unbekümmert darum, daß ihre feinen Schuhe eine bedenklich genaue Bekanntschaft mit dem Inhalte einiger Gräben machten.

„Jo-ho-ho!" rief sie noch einmal, da stand der Fremde schon vor ihr. Noch ehe sie aber ihre Frage nach dem Wege wiederholen konnte, ertönte ein helles Jauchzen von seiten des Kindes, und mit dem Rufe: „Onkel Felix! Onkel Felix!" hing sich Kurt an den Arm des Herrn und schien für alles ausgestandene Ungemach getröstet.

„Du, kleiner Brehm?“ rief der Fremde erstaunt. „Ich denke, Du bist bei Deinen Eltern in Zürich.“

„Nein, Onkel Felix, ich bin hier geblieben, und Tante Lucie ist meine „stellvertretende Mutter“, wie sie immer sagt.“

Lächelnd und mit sichtlich angenehmer Ueberraschung verbeugte sich der Fremde vor dem jungen Mädchen und sprach: „Erlauben Sie, gnädiges Fräulein, daß ich mich Ihnen als Freund des Herrn Dr. Olmhagen vorstelle; mein Name ist Dönhoff.“

„Sie erscheinen als wahrer Retter in der Noth für uns arme verirrte Wanderer“, sagte Lucie, den hübschen jungen Mann in der Uniform eines höheren Forstkandidaten fröhlich anblickend. „Zeigen Sie uns, bitte, den kürzesten Weg nach Hause; nach diesem Wolkenspaziergange sind wir nicht mehr hoffähig.“

„Tante, ich habe ganz nasse Füße“, sagte Kurt ernsthaft.

„Tröste Dich mit Hiob und mir“, antwortete die Tante lachend und erzählte dem Fremden, auf welche Weise sie in diesen despektierlichen Zustand gerathen waren.

„Dergleichen können Sie hier, wo wir uns gegen 3000 Fuß über dem Meere befinden, öfter erleben“, sagte Herr Dönhoff, „besonders in der jetzigen Zeit, wo wir uns dem Herbste nähern.“

„Wir haben ja erst Mitte August.“

„Allerdings, aber es soll vorkommen, daß St.-Blasien Ende September oder Anfang Oktober bis vier Fuß hoch einschneit und erst im April allmählig wieder aufzuthauen beginnt.“

„Himmel, welch grönländische Zustände! Da lobe ich mir unseren verschrieenen Norden.“

„Glauben Sie mir, gnädiges Fräulein, daß es im Winter fast noch schöner hier ist als im Sommer. Wenn eine hohe Berglehne mit Eisbäumen bestanden zu sein scheint, auf welchen die Sonnenstrahlen funkeln, ohne sie zu schmelzen, das hat seinen wunderbaren Reiz. Und haben Sie schon einmal einen gefrorenen Wasserfall gesehen? Nein? Nun, hier gefrieren nicht nur die kleinen Fälle des Windbachs, sondern selbst der wilde Wassersturz im Tusculum, und Sie können sich gewiß keine Vorstellung machen, wie unvergleichlich schön das aussieht.“

Während solchen Gesprächs waren sie rüstig weiter geschritten, wahrscheinlich auf dem Fußpfade, welchen Kurt vorhin gemeint, denn vorläufig war von der Fahrstraße nichts zu sehen. Freilich umhüllte noch immer die Wolke den Abhang, man mußte vorsichtig gehen, um nicht über Steine und Geröll zu stürzen. Plötzlich blieb der junge Mann stehen.

„Ja, gnädiges Fräulein, nun sind wir dicht am, oder vielmehr über dem Wege. Wie Sie aber mit dem engen Kleide und den Stiefelchen die dreißig

Fuß hier hinunter kommen wollen, ist mir nicht ganz klar."

„Mir auch nicht", gestand Lucie. „Nehmen Sie, bitte, das Kind, und überlassen Sie mich meinem Schicksale."

Kurt wartete jedoch den fremden Beistand nicht ab, sondern sprang wie ein Gemschen von Stein zu Stein hinunter.

Noch stand die junge Dame unschlüssig oben, die sehr bereitwillig zur Hilfe entgegengestreckten Hände des Herrn unbeachtet lassend. Da tauchte etwas Langes, Dunkles, Geisterhaftes in dem Hohlwege auf. Der Nebel zog die Umrisse so ins Uebermenschliche, daß Lucie, welche unlängst eine Harzbeschreibung gelesen, entsetzt murmelte: „Das Brockengespenst!" Es entstand eine Pause, während welcher man das unheimliche Wesen näher kommen sah. Plötzlich schrumpfte es zu menschlicher Größe zusammen, stand deutlich in seiner wirklichen Gestalt unter ihnen, und eine Stimme sprach verwundert: „Wie kommst Du denn hierher, Kurt, und wo hast Du die Tante gelassen?"

„Der Techniker — immer besser!" sagte sich Lucie halb verzweifelt, halb belustigt, während das Kind mit einer entsprechenden Handbewegung einfach erwiderte: „Oben."

Magnus Steinfelds erstaunter Blick umfaßte in einer Sekunde die Gruppe in der Höhe: den hübschen

Forstkandidaten, etwa zwei Fuß tiefer als Lucie stehend und diese offenbar zum Hinabsteigen einladend, und die junge Dame selbst, welche mit einem wunderlichen Gesichte auf die beiden Herren herabsah. Magnus zog die Brauen zusammen und stand mit sechs oder sieben Sätzen vor ihr und neben Herrn Dönhoff, welchen er flüchtig grüßte.

„Guten Tag, Herr Steinfeld. Wollen Sie so freundlich sein, Kurtchen nach St-Blasien mitzunehmen?“ fragte Lucie.

„Gern, aber Sie, Gnädigste?“ entgegnete er.

„Ich... ich... mir gefällt es in den Wolken so gut... ein solches Vergnügen muß ich Flachländerin einmal recht gründlich auskosten. Auf Wiedersehen, meine Herren!“ sagte Lucie, welche wie unwillkürlich bei Magnus' Kletterei ein paar Schritte zurückgetreten war. Und plötzlich wandte sie den Herren den Rücken und lief rasch in den Nebel hinein, der sie sofort den Blicken der verblüfft Dreinschauenden entzog.

„Das nenne ich: in bester Form ausgekniffen“, sagte der Forstkandidat.

„Sie kann sich den Tod holen in der Feuchtigkeit,“ murmelte Magnus unruhig.

Es blieb ihnen indessen nichts übrig, als hinabzusteigen und mit dem Kinde den Heimweg weiter zu verfolgen.

Als sie etwa hundert Schritt von der Stelle entfernt waren, kam Lucie wohlgemuth aus der Wolke wieder am Ende des Fußwegs zum Vorschein und begann nun, vorsichtig hinabzuklettern. Endlich war sie unten und spazierte, vergnügt lächelnd, daß der Streich ihr so gut gelungen, langsam in dem feinen Regen, der jetzt niederfiel, hinter den Herren her, bis sie unmittelbar vor ihrem Hause sie erreichte und mit freundlichem Danke das Kind aus ihrer Mitte nahm. Noch bevor die Ueberraschten Zeit gehabt hätten, die allerdings jetzt mehr als derangierte Toilette der jungen Dame näher in Augenschein zu nehmen, war sie mit Kurtchen in der Hausthür verschwunden.

VIII.

Auf daß die Funken, die mein Herz durchsprühn,
In andern zünden und als Flammen glühn,
Daß an der Freudigkeit, die ich gefunden,
Manch Herz in neuer Frische mag gesunden.
R. Reinick.

Der sanfte Sprühregen wurde immer stärker und schien sich allmählig in einen soliden Landregen umwandeln zu wollen. Lucie war froh, unter Dach und Fach zu sein. Sie hatte den kleinen Kurt trotz seines lebhaften Sträubens — er behauptete „bei Papa seinen Spaziergängen" häufig naß geworden zu sein, ohne daß man je Umstände mit ihm gemacht hätte — ins Bett gesteckt, dann hatte sie sich selbst umgezogen und brachte nun zur Erwärmung des inneren und äußeren Menschen Glühwein, den sie bei ihrer mangelhaften wirthschaftlichen Bildung genial improvisiert hatte, und welcher durch den übereinstimmenden Beifall der beiden maßgebenden Personen anerkannt wurde.

Selbstverständlich ging sie diesen Nachmittag nicht aus, sondern schickte nur durch das Mädchen mit einem Buche aus der Bibliothek ihres Schwagers einen Gruß zu Bergs hinüber.

Diese waren an die anregende Gesellschaft der jungen Dame so gewöhnt, daß selbst Else — welche doch, nachdem sie sich darüber klar geworden, daß Luciens feines heiteres Wesen ihr nicht imponiere, sondern sie ärgere, nicht leicht eine Gelegenheit ungenützt vorüber gehen ließ, wo sie widersprechen oder sonst eine naseweise Bemerkung einflechten konnte, — daß selbst Else erklärte: es sei heute ein greulich langweiliger Tag. Und doch war Magnus bei ihnen, sogar noch eine Viertelstunde eher als sonst war er gekommen, saß aber dafür nur um so stummer auf seinem Platze, so daß die Last der Unterhaltung fast allein Helenen zufiel. Schon erschöpft von dieser undankbaren Aufgabe, bat die Kranke, da es endlich aufgehört hatte zu regnen, ihren schweigsamen Nachbar, zu Lucie hinüber zu gehen und sich von dem Befinden des Kindes persönlich zu überzeugen. „Denn niemand würde durch ein Schnupfenfieber des Kleinen mehr leiden als wir, weil die gewissenhafte Tante ihn nicht verlassen würde.“

Magnus erhob sich, — es fiel dabei Helene auf, wie elastisch seine Bewegungen in den wenigen Wochen wieder geworden waren, nur die Abspannung des Geistes schien noch nicht nachgelassen zu haben. Da er auf Helenens Bitte mit keiner Silbe, sondern nur durch die augenblickliche Erfüllung antwortete, so fragte die Dame in etwas unsicherem Tone: „Sie gehen doch auch gern, Magnus?“

„Wenn ich Ihnen einen Gefallen damit erweise, gewiß“, sprach er, während ein leises Roth langsam in sein Gesicht stieg.

Kaum hatte er die Thüre hinter sich geschlossen, als Else ihm eine moquante Grimasse nachschickte; ihm ins Gesicht impertinent zu sein, wagte sie doch nicht. „Du, Helene“, sagte sie dabei, „kommt es in der Naturgeschichte auch vor, daß ein ausgebrannter Krater noch einmal zu glühen anfängt?“

„Kind, Kind, wie kommt Dir ein so unpassender Vergleich!“ rief Helene; sie konnte natürlich nicht zugeben, daß es eigentlich ein ausgezeichneter war. —

Drüben im Nachbarhause stand Lucie im kurzen Morgenkleide und Pantoffeln, angethan mit einer ungeheuren Küchenschürze, einen Kochlöffel gleich einem Scepter in der Hand, mitten in der Küche und beobachtete mit Aufmerksamkeit die Manipulationen des Mädchens, welches auf Kurtchens dringendes Verlangen „Krapfen“ backte. Die junge Dame hatte nicht entfernt eine Ahnung, was das Wort überhaupt bedeute, und die Gutturaltöne ihrer Schwarzwaldköchin bei der Erklärung drangen unverstanden an Luciens norddeutsches Trommelfell. Sie wartete also mit Interesse ab, als welches ihr bekannte Gericht sich „Krapfen“ noch entwickeln würden. Da hörte sie draußen auf der Treppe Männerschritte, und in der festen Ueberzeugung, es sei der um diese Zeit sich einstellende Briefträger, trat sie mit Schürze und Kochlöffel hinaus.

Als sie sich Magnus Steinfeld gegenüber sah, war ihr erstes Gefühl ein grenzenloses Erstaunen, das nächste: ein unbequemes lächerliches Bewußtsein, daß der Techniker sie heut zum zweiten Male in einem unmöglichen Aufzuge vor sich sehe. Ueber und über erglühend, öffnete sie die Thüre des Hausganges, welche nach dem Wohnzimmer führte, bat ihn mit einigen bewillkommnenden Worten, einzutreten, und verschwand wieder in der Küche, wo sie die beiden Abzeichen ihrer stellvertretenden Hausfrauenschaft niederlegte und dann halb beschämt, halb lachend an dem einfachen grauen Röckchen hinabsah, in welchem sie einen Herrenbesuch empfangen mußte. „Bah, er kommt doch nur als Abgesandter von Fräulein Helene“, tröstete sie sich, indem sie nach der Wohnstube schritt.

Befremdet hatte sich Magnus in derselben umgesehen. Er wußte, daß der bekannte Satz: man könne von der Einrichtung eines Zimmers auf den Charakter seines Bewohners schließen, auf Lucie hier nicht angewendet werden durfte, weil es ja nicht ihre eigene Häuslichkeit war; aber er sagte sich, daß eine so sonderbare Umgebung auf ihre lebhafte Phantasie nicht ohne Eindruck bleiben konnte.

Ueberall, wo die eleganten Mahagonimöbel nur ein Stückchen Wand frei ließen, standen kostbare schmale und breite, geschnitzte und ausgelegte Glasschränke, welche bis an die Decke hinauf reichten und bis oben mit Glaskrausen und Büchsen besetzt waren, in denen eine Unmenge seltener Amphibien und Insekten in Spiritus der Nachwelt aufbewahrt wurden. Dazwischen lagen und standen ungeheuere Muscheln, getrocknete Schalenthiere, ausgeblasene Vogeleier und andere wunderliche Dinge, wie seltsame Steinabdrücke, mumifizierte Eidechsen und kleine Sandklümpchen mit grauem oder grünem Deckel, von denen er nicht wußte, daß sie hohl und das kunstvolle Nest einer italienischen Sandspinne seien... er war mit dem Anschauen noch nicht halb zu Ende, als Lucie eintrat.

Sie verschmähte es, ihren Anzug zu entschuldigen, und sagte nur, auf die Schränke deutend: „Eine gemüthliche Umgebung, nicht wahr?"

„Eine höchst ungemüthliche", meinte er nachdrücklich, indem er auf dem ihm von Lucie bezeichneten Sessel Platz nahm. „An Ihrer Stelle, Gnädigste, verhüllte ich alle die Scheiben und störte mir nicht durch den häßlichen Anblick den Appetit."

„Damit thäte ich Kurtchen einen schlechten Gefallen.

Er hält sich täglich stundenlang vor den Sammlungen auf, und es ist ein wahres Glück, daß mein Schwager die Schlüssel zu den Schränken mit nach Zürich genommen hat, sonst stünde ich nicht dafür ein, daß ich sie mir von dem Jungen nicht abschmeicheln ließe."

„Sie sind zu schwach gegen das Kind."

„Freilich bin ich das; ich sagte Ihnen ja schon am ersten Tage unserer Bekanntschaft, daß ich zu bestimmten Dingen kein Talent hätte."

Er lächelte, und ein fast zärtlicher Blick glitt über ihre im einfachen Hauskleide allerliebst wirthschaftlich aussehende Gestalt. Lucie, welche einmal in einem Briefe an ihre Freundin Lilli auf Magnus die Worte, welche Julius Cäsar über Cassius spricht, angewendet hatte:

„Er lächelt selten, und dies Lächeln ist
Von solcher Art, als spottete er sein,
Unwillig, daß sein Geist herab sich ließ,
Zu lächeln über etwas in der Welt"...

sie fand plötzlich, daß das hagere blasse Gesicht durch diesen Ausdruck merkwürdig verschönt werde.

„Um zu dem Zwecke meines Besuchs zu kommen", sagte Magnus, „so entledige ich mich hiermit meines Auftrages: Fräulein Berg läßt fragen, was der kleine Kranke macht."

„Wörtlich geantwortet: Tollheiten. Ich muß ihm unerhörte Zugeständnisse an Märchen, Spielen und Krapfenbacken machen, um ihn nur im Bett zu erhalten.“

„Aber ist er denn überhaupt krank?“

„Ach wo! Zweimal genießt habe ich, das ist alles!“ ertönte Kurts entrüstetes Stimmchen von der Thür.

„Um Gotteswillen, Kind! Barfuß!“ rief Lucie, entsetzt aufspringend. „Gleich marschierst Du ins Bett!“

Aber Kurt sperrte die zierliche Tante einfach aus, indem er sich kräftig gegen die halboffene Thür stemmte. „Muß ich, Herr Steinfeld, muß ich?“ schrie er durch die Lücke.

„Nein, Junge, Du mußt nicht“, antwortete Magnus lachend. „Zieh Dich an und komm herein. — Gnädigste, ich nehme alle Verantwortung auf mich.“

Lucie stand bewegungslos an der Thür, aber nicht, wie Magnus fürchtete, aus Erstaunen über seine Einmischung, sondern über seine Fröhlichkeit. War das der müde blasierte Steinfeld von sonst? Der schweigsame Gefährte der Nachmittagstunden? Sie ahnte nicht, daß für diesen aller gesellschaftlichen Steifheit und Etikette so unbeschreiblich überdrüssigen Mann die kindliche Natürlichkeit und Drolligkeit des letzten Auftritts wie ein Gruß aus den fernen harmlosen Jugendtagen gewesen war.

„Sind Sie böse über mein unberufenes Dreinsprechen?“ fragte er beinahe schüchtern.

„Natürlich,“ entgegnete sie heiter, „Sie haben mein Ansehen meinem Neffen gegenüber für alle Zeit untergraben.“

„So weit ich den kleinen Kurt kenne, nein. Seine ersten Worte werden es übrigens sofort zeigen.“

Und als der Knabe hereinkam, auf die Tante zusprang, sie umfaßte und zärtlich küßte und dabei rief: „Sei schon nicht böse, liebe gute Tante! Ich will ja immer folgen! Aber im Bett bleiben, wenn man ganz gesund ist, — nein, Tante, das kannst Du doch nicht verlangen!“.... da blitzten Magnus' ehedem so müde Augen Lucie siegesbewußt an, und sie verzieh dem großen wie dem kleinen Revolutionär von ganzem Herzen.

„Aber die Krapfen?“ fragte Kurt bedenklich.

„Die schenke ich alle weg.“

„Tante, einen behältst Du für mich und einen für Herrn Steinfeld.“

„Nun, wenn Du meinst, daß Ihr es verdient habt....“ sagte Lucie.

„O Gnädigste, je weniger wir es verdienen, desto mehr Verdienst liegt in Ihrer Güte“, recitierte Magnus.

Er konnte scherzen? Lucie kam aus dem Verwundern heut nicht heraus.

„Ich will mir's überlegen", meinte sie schelmisch.

Magnus stand auf. „Ich hoffe, Sie morgen bei Helene zu sehen", sprach er, indem er sich empfahl. —

Vor dem Hause stieß er auf Herrn Dönhoff.

„Wie ist den Herrschaften der Spaziergang bekommen?" rief dieser lebhaft.

„Gut", erwiderte Magnus kurz im Vorüberschreiten, hielt aber in der Berg'schen Thür noch einmal Umschau, wobei er bemerkte, daß der Forstkandidat nicht in das Nachbarhaus getreten war, sondern den Bergweg weiter nach dem Weißenstein hin verfolgte. Magnus gab sich durchaus keine Rechenschaft darüber, weshalb ihm der Anblick des hübschen frischen jungen Mannes so unangenehm war, dagegen fühlte er mit Ueberraschung, daß das Eis der tödtlichen Erstarrung in seinem Inneren Sprünge und Risse bekommen, ja, zu schmelzen angefangen habe, und daß so etwas wie Lebenslust wieder in seinen trägen Adern zu pulsieren beginne.

„Erwin hatte doch Recht, als er mich in die Berge schickte, es weht eine wunderbare Luft hier", dachte er und sog mit einem tiefen Athemzuge den Tannenduft ein, welchen der feuchte Wind soeben heranwehte.

Ein freundlicher Ausdruck lag für den übrigen Theil des Nachmittags auf seinen sonst so apathischen Zügen, und als etwa eine Viertelstunde später, nachdem er Lucie verlassen, ihr Mädchen mit einem Gruße von der jungen Herrin eine Schüssel frischgebackener Pfannkuchen, als welche sich die unbekannten „Krapfen“ entpuppt hatten, herüberbrachte, da sah er im Geiste wieder die große Küchenschürze und den Kochlöffel vor sich und lächelte still in sich hinein. Und noch nie in seinem verwöhnten Leben hatte ihm etwas so gut geschmeckt als die „unverdienten Krapfen.“

IX.

Und in lieblichen Akkorden klangen
Hoffnung, Liebe, Sehnsucht und Verlangen,
Und veredelt ward die Leidenschaft
Durch der Tonkunst lautre Götterkraft.
W. Krampitz.

Das Wetter blieb ein paar Tage hintereinander regnerisch und unfreundlich. So tief zogen die Wolken durch das Albthal hin, daß die höher gelegenen Häuser von ihnen vollständig eingeschlossen wurden, und Lucie an Lilli wörtlich schreiben konnte, die Wolken hingen ihr zum Fenster herein. Als endlich eines Morgens wieder die Sonne am Himmel strahlte, glaubte Lucie ihren Augen nicht trauen zu dürfen: ihr imposantes vis-à-vis, der Sandboden, war von Kopf zu Fuß mit einer glitzernden weißen Decke überzogen, und die Dächer und die Kuppel in dem unteren St-Blasien, jedes Stückchen Wiese, ja, jedes einzelne Hälmchen war mit Reif bedeckt. Daheim seufzte man vielleicht schon um diese frühe Tagesstunde über die Hitze — hier hielt der erste Vorbote des Winters seinen Einzug ... im August. Wahrscheinlich, ja gewiß, werden die Sonnenstrahlen schon in einer halben Stunde den kalten Gast verjagt haben, aber er wird wieder kommen und immer länger bleiben, bis er endlich auch einmal seinen mächtigen Bundesgenossen, das Eis, mitbringt, welches dann die Bäume umspinnt und die Wasserfälle in Fesseln schlägt, wie Herr Dönhoff vor vier Tagen erzählt hatte. O der Winter! Wie ein dunkler Schleier fiel dieser Gedanke über Luciens sonnigen Blick.... Dann war der Kreis, welcher ihr Stillleben unter den Tannen des Schwarzwaldes so mannichfach belebt hatte, gesprengt, sie selbst wieder in ihrer nördlichen Heimath, der Wochen im Gebirge wie eines lieblichen Traumes gedenkend. So viel wußte sie schon jetzt: der Abschied von hier würde ihr unsagbar schwer werden. An Helene, welche in etwa drei Wochen zur Operation nach Karlsruhe abreiste, durfte sie gar nicht denken.

Wenn es wahr ist, daß wir an anderen zumeist diejenigen Tugenden lieben, die uns selbst abgehen, so bewunderte Lucie die Kranke so rückhaltlos wegen der unerschöpflichen Geduld, mit welcher dieselbe ihre Schmerzen, die vielfachen Unbequemlichkeiten, die ihre hilflose Lage mit sich brachte, die gesellschaftlichen Verstöße Elses, kurz, alles das ertrug, was Lucie an einem einzigen Tage schon zur Verzweiflung gebracht hätte. „Ohne ihr herzliches Gottvertrauen und diese

Liebe zu Erwin Steinfeld könnte sie das alles gar nicht so engelhaft aushalten", dachte das junge Mädchen; sie würde ein Jahr ihres Lebens darum gegeben haben, wenn sie mit diesem Opfer einen glücklichen Ausgang der bevorstehenden Entscheidung in Karlsruhe hätte bewirken können. — —

„Wo haben Sie heute den kleinen Kurt?" fragte Helene nachmittags. Bei den Vorlesungen pflegte das Kind bewegungslos, ganz Ohr, auf einem Bänkchen zu Luciens Füßen zu sitzen.

„Herr Dönhoff hat sich ihn ausgebeten, er will ihm einen Dachsbau zeigen", antwortete Lucie, bis an die Schläfen erröthend, denn ihr fiel ein, wie warm der junge Forstmann sie gebeten hatte, sich an dem Ausfluge zu betheiligen.

„Warum werden Sie denn so roth?" fragte Else dreist.

Lucie verspürte die größte Lust, der naseweisen Fragerin einmal in deren eigenem Stile zu antworten. Sie bezwang sich indeß und ignorierte die Frage, während Helene ein leises vorwurfsvolles: „Aber Else!" flüsterte. Der unverbesserliche Backfisch streichelte lachend die zarte Hand der Kranken und blinzelte zu Magnus hinüber, der verstimmt in der „Frithjofsage" blätterte, welche Lucie heut mitgebracht und soeben auf das Balkontischchen gelegt hatte.

„Da kommt Madame de Charry mit ihrem Sohne",

rief Lucie, über die Ablenkung erfreut, obgleich durch den Besuch die Vorlesung vereitelt wurde, und man statt des tiefsinnigen Gedichtes eine Unterhaltung über tausend gleichgiltige und oberflächliche Dinge zu erwarten hatte. Es kam aber anders, als Lucie dachte; denn Madame de Charry's erstes Wort nach der Begrüßung war eine Klage, daß sie heute früh Kurmusik habe „ausstehn“ müssen («souffrir!») und daß sie sich von dieser Kalamität nicht anders zu erholen wisse, als indem sie cette chère Mademoiselle Hélène bitte, mit den wunderbaren Tönen ihrer Kehle die Erinnerung an jene anderen aus ihren Ohren auszumerzen. Helene sagte freundlich zu, und so ward Lucie ein zweiter Wunsch inbetreff der Kranken durch die Vermittelung der Französin erfüllt. Man begab sich in das Zimmer, und mit strahlenden Augen schlug Lucie den Deckel des Pianinos zurück, während Else in den Noten kramte, um ihre Schwester zu begleiten.

«Oh, une de vos ravissantes chansons populaires, s'il vous plaît!» rief die Dame.

«Très-volontiers, madame. Else, vielleicht: „Mei Mutter mag mi net“, sagte Helene; und dann sang sie, als die Schwester ein paar Akkorde als Vorspiel angeschlagen, das liebliche Volkslied mit so köstlicher Einfachheit und Innigkeit des Ausdrucks in der prachtvollen Altstimme, die selbst bei der halb liegenden Stellung der Singenden noch ergreifend mächtig schien, daß Lucie sich fast erschrocken sagte, in der Kranken sei eine große Künstlerin der Welt verloren gegangen. Blaß vor Erregung stand die junge Dame hinter einem Sessel und merkte nicht, daß ihr Gesicht, welches treuer, als sie ahnte, ihre Empfindungen wiederspiegelte, von Magnus mit dem unverhohlensten Interesse beobachtet wurde, und daß Madame de Charry, über das ungenierte Anstarren dieses drôle d'homme, wie sie Magnus gegen Lucie vertraulich nannte, sich im Stillen sehr amüsierte.

Aber was die sonst so weltkluge Frau für eine Huldigung, wenn auch wunderlicher Art, von seiten Steinfelds auffaßte, das war in Wirklichkeit nichts als das brennende Verlangen, zu wissen, ob die Musik imstande sein werde, jenen Ausdruck von Verklärtheit, welchen er damals auf der Bergeshöhe über die weichen Züge ausgegossen gesehen, wieder darüber zu verbreiten. Er vergaß, daß der Eindruck eines Meisterwerkes der Natur und eines solchen der Kunst auf einen mit Bewußtsein genießenden Menschen genau so verschieden sind, wie diese beiden Dinge unter einander. Deshalb erblickte er jetzt wohl Erschütterung und lebhafte Begeisterung auf Luciens Antlitz, aber nichts von jener weltentrückten Verzücktheit von damals, und fast enttäuscht wendete er endlich seine Augen von ihr ab.

Madame de Charry überhäufte Helene, nachdem dieselbe eine Reihe der anmuthigsten deutschen Volkslieder gesungen, mit Lobeserhebungen; Monsieur Guillaume, der es sich nicht hatte nehmen lassen, Else die Notenblätter umzuwenden, obgleich sie unverbindlich genug gemeint hatte: „Das stört mich bloß!“, sagte in seiner angenehmen bescheidenen Weise der Sängerin seinen Dank, und Lucie rief aus vollem, bewundernden Herzen heraus: „Das war ein Genuß!...“ Der „unmusikalische Techniker“ schwieg, was Lucie zwar nicht höflich, aber doch erklärlich fand. Was für Augen würde sie gemacht haben, hätte sie gehört, wie sachverständig er sich später über einige Veränderungen in Helenens Stimme aussprach.

Im Laufe der Unterhaltung fragte die Französin Helene, ob sie das Fahren vertrage, und als diese antwortete: gewiß, sonst hätte sie ja nicht von Karlsruhe nach St-Blasien kommen können, bat die liebenswürdige Frau sämmtliche Anwesende, für morgen ihre Gäste auf einer Tour nach Höchenschwand zu sein, um von dort die Sonne untergehen zu sehen. Gutes Wetter glaube sie garantieren zu können, denn ihr Sohn Guillaume, der die Bekanntschaft eines als sehr comme il faut geschilderten jungen forestier's gemacht, welcher gleichfalls invitiert werden würde, habe von diesem wetterkundigen Herrn die Versicherung erhalten, daß morgen aller menschlichen Berechnung nach eine deliciöse Fernsicht von jenem berühmten Orte aus zu erwarten sei.

Magnus und Else hatten bei dem Worte: forestier, scharf auf Lucie geblickt; erst dadurch wurde diese an Dönhoff erinnert: Beamte des höheren und niederen Forstwesens gab es hier bei den ausgedehnten Waldungen in Menge, — aber sie that den beiden diesmal nicht die Ehre an, sich in Verlegenheit setzen zu lassen. Auf die freundliche Einladung antwortete sie mit einer bereitwilligen Zusage, um so lieber, als die rücksichtsvolle Dame Kurtchen („cet amour de petit neveu") in die Aufforderung mit einbegriffen hatte.

Helene nahm nur unter der Bedingung an, daß Madame de Charry ihr die Beförderung ihrer eigenen Person selbst überlasse; Else gebe sie frei.

„Oh mademoiselle, si vous me permettiez —"

„Helene, ich hoffe, Sie werden mir das Vorrecht, Sie zu fahren, nicht entziehn", unterbrach Magnus den ritterlichen jungen Franzosen.

„Besten Dank allerseits", sagte Helene lächelnd, „aber ich hatte mir so wie so für einen Ausflug in diesen Tagen zwei Männer bestellt, die den Krankenstuhl fahren sollten. Erlauben Sie mir also, mich in dieser Weise an dem Ausfluge zu betheiligen."

Unter den jungen Leuten entstand sofort eine Verschwörung, den Fahrstuhl nicht zu verlassen, und so gab Madame de Charry, welche selbst eine tüchtige Fußgängerin war, endlich den erstgefaßten Plan, die Parthie zu Wagen zu machen, auf, und man verabredete, sich morgen nachmittags um vier Uhr vor Helenens Thür zu treffen.

Kurtchen war Feuer und Flamme für den Ausflug, als Lucie ihm bei seiner Nachhausekunft von der Einladung sprach. Er erzählte, daß er mit dem Papa und Onkel Felix schon mehrere Male in Höchenschwand gewesen sei, und daß sie einmal dort „die große braune Schlange da oben in der Glaskrause" gefangen hätten. In allen Einzelheiten beschrieb er die lustige Otternjagd — aber von den „Schneebergen" redete er nur so ganz nebenher, der kleine Barbar.

„Wird Onkel Felix auch mit dabei sein?" fragte Kurt zuletzt.

„Ich glaube nicht", antwortete Lucie laut, und leise fügte sie hinzu: „Der Himmel verhüte es, denn Elses naseweise Bemerkungen würden kein Ende nehmen, und unmöglich kann ein Mensch zu solchen Ungereimtheiten ein kluges Gesicht machen."

X.

Wie liegt verklärt das Berggelände
Im purpurklaren Abendstrahl!
Wie bieten freundlich sich die Hände
Der rauhe Fels, das sanfte Thal!
G. Kinkel.

Wer auch immer Herrn Guillaume de Charry's wetterkundiger Freund sein mochte: er hatte recht geweissagt. Bei strahlendem Sonnenglanze trat Lucie mit dem Glockenschlage Vier sammt ihrem Neffen aus dem Hause. Drüben stand der leere Fahrstuhl, in welchen Else soeben einige Kissen schob, dann wurden beide Flügel der Hausthür geöffnet, und auf einem Stuhle trugen zwei kräftige braune Männer Helenens schlanke Gestalt heraus. Sie nickte den Ankommenden herzlich entgegen, während sie sich an dem Arme ihrer Schwester aufrichtete und mühsam in den Fahrstuhl stieg. Das Herz that Lucie weh bei diesem Anblick — sie begriff, daß Magnus sich seine Unvorsichtigkeit nicht verzeihen konnte.

„Ei, machen Sie doch kein so ernstes Gesichtchen, da der Himmel selbst so heiter auf unser Unternehmen blickt!" rief die Kranke, welche recht gut wußte, was in Lucie vorging, und sie von ihren traurigen Betrachtungen ablenken wollte. „Sehen Sie, da erscheint auch Magnus mit Madame de Charry, und da hinten .... aber wirklich, das ist ja Ihr eifriger Verehrer Dönhoff!"

„Woher kennen Sie ihn denn?" fragte Lucie amüsiert und verlegen zugleich.

„Fräulein Helwing, wenn jemand in Regen und Wind zehnmal täglich an unserem Hause vorbei gehen muß, um seine Augen sehnsüchtig zu den Fenstern des Nachbarhauses emporrichten zu können, dann erfährt man auch wohl gelegentlich den Namen des getreuen Liebhabers", scherzte Helene, während Else hinaufgegangen war, um die Wohnung abzuschließen.

„Beim Himmel, davon habe ich nichts bemerkt!" betheuerte Lucie.

„Nun, wir desto mehr", lächelte die Kranke, „und so wird Ihnen Elses unbescheidene Neckerei von gestern nicht mehr so gar unerhört vorkommen. Es war Magnus, der uns auf Elses drängende Neugier den Namen verrieth. Nun wissen Sie alles. — Bonjour, madame!"

Die Französin strahlte vor Heiterkeit und Unternehmungslust; neben ihr sah Magnus im Augenblick finster wie eine Gewitterwolke drein. Während der Begrüßung langten auch die beiden jungen Leute,

Herr de Charry und Dönhoff, vor dem Berg'schen Hause an, der Forstkandidat wurde vorgestellt, dann setzte sich der kleine Zug in Bewegung.

„Liegst Du auch bequem?“ fragte Else zärtlich neben dem Fahrstuhle, welcher sich unter den vier rüstigen Armen der Schwarzwaldmänner leicht vorwärts bewegte.

Helene antwortete nur mit den Augen, die leuchtend über die lieben Menschen und die herrliche Umgebung glitten.

„Es regt sie auf, die Augen glänzen wie im Fieber“, sagte Else und schickte mit Helenens Billigung die Männer mit dem Fahrstuhle etwas voraus, „damit sie sich nach einer Weile ausruhen könnten, ohne doch die anderen dadurch aufzuhalten“; so brachte sie die Kranke aus dem Bereiche der lebhaft werdenden Unterhaltung.

Da die Sonne noch hoch am Himmel stand, so beeilte man sich mit dem Gehen nicht allzusehr, hielt vielmehr hier und dort an, um einen besonders prächtigen Blick ins Thal oder in die nächsten Berge hinein voll zu genießen. Lucie schritt neben Madame de Charry her; sie war der liebenswürdigen Frau von Herzen zugethan und wollte heute als ihr Gast ihre Aufmerksamkeit gegen sie verdoppeln.

Als der Weg anfing, steil zu werden, bot Magnus der Französin seinen Arm. Dönhoff sprang flugs herzu, um Lucie den gleichen Ritterdienst zu erweisen, doch diese meinte freundlich, sie finde, daß es sich besser ohne Führung steige, und blieb an der Seite ihrer Begleiterin. Else mit ihrem Liebling Kurt an der Hand, unterhielt sich laut und zwar deutsch mit dem Forstkandidaten, zum unbeschreiblichen Aerger des jungen Franzosen, welcher bei ihrer Art, hastig zu sprechen, kein Wort verstand. Das einzige, was ihn tröstete, war das Bewußtsein, daß die Koketterieen des Backfisches bei Dönhoffs Interesse für Lucie, von welchem de Charry natürlich sofort Notiz genommen, ziemlich ungefährlich waren.

Alles in allem war der Weg ermüdender gewesen, als man erwartet hatte. Daher wurde bei der Ankunft in Höchenschwand Madame de Charry's Vorschlag, sich zunächst auszuruhen und zu stärken, bevor man die Aussicht genieße, einstimmig angenommen. Man ließ Tischchen und Stühle aus dem Gasthause herausbringen, und Helene beurlaubte bis auf weiteres die beiden Schwarzwäldler, deren einer nach dem reichlichen Trinkgelde, womit sie sich nach der anstrengenden Leistung etwas zugute thun sollten, über das breite Gesicht lachte und stolz fragte: „Ischt's niach auch fix gnua gange?"

„Ja, sehr schnell", lobte die Kranke.

Nach der Mahlzeit brach man zum Aussichtspunkte auf, die drei Herren bewegten den Fahrstuhl, Madame de Charry und Else mit dem Kinde schritten zur Seite desselben, Lucie war vorausgeeilt; und der Anblick, welcher sich der Gesellschaft an dem Haltepunkte bot, war so überwältigend, daß nur einer, der sich bei der Ankunft sofort nach Lucie umgesehen, sie vermißte und sich stillschweigend daran machte, sie aufzusuchen. Das war Magnus Steinfeld.

Endlich erspähte er sie, wie sie, an einen Granitblock gelehnt, die Hände gefaltet, auf die großartige Rundschau vor sich blickte, ganz Bewunderung, ganz Hingebung. Er wagte nicht gleich, sie zu stören, sondern verharrte bewegungslos auf seinem Platze und würdigte, durch Luciens Andacht erst empfänglich gemacht, nun seinerseits die Aussicht seiner Aufmerksamkeit.

Ueber die weiten Strecken des Thur- und Aargaues, des Züricher und Luzerner Gebiets hinweg trifft das Auge die Alpen; und da man dieselben hier von einem sehr hochgelegenen Standorte aus, und zwar von ihrem Fuße bis an den Gipfel überblickt, so erscheinen sie von Höchenschwand gesehen in ihrer Riesenhaftigkeit gewaltiger, als von irgend einem Orte der Schweiz selbst, den Rigi nicht ausgenommen. In unvergleichlicher Schönheit heben sich besonders die Gletschergruppen des Berner Oberlandes, die Schreck-, Wetter- und Vieschterhörner und die Jungfrau nebst Mönch und Eiger ab. Bis zu den mächtigen Eisfeldern des Mont-Blanc nach rechts, und dem bairischen Hochgebirge nach links übersieht das Auge die Gebirgskette der Centralalpen und wenn, wie es vor Luciens verständnisinnigem Blicke der Fall war, die Gluth der untergehenden Sonne dieses erhabene Bild beleuchtet, dann dürfte es in Europa wenige Orte geben, welche die Aussicht von Höchenschwand an großartiger Schönheit übertreffen.

Verwöhnt und übersättigt wie Magnus in solchen Dingen war, gestand er sich doch ein, daß er selten etwas Aehnliches gesehen; dann ging er mit lauten und festen Schritten auf die junge Dame zu, welche bei dem Geräusche die Augen von der Landschaft ab- und dem Ankommenden zuwandte. Sie erhob sich und trat ihm ruhig entgegen.

„Madame de Charry hat mich schon vermißt?" fragte sie in entschuldigendem Tone.

„Noch nicht. Ich suchte Sie, weil ich glaubte, Ihnen durch meine Bekanntschaft mit den Namen dieser Berge einen Dienst erweisen zu können."

„Wie liebenswürdig von Ihnen", sagte sie, ihn einen Moment überrascht anblickend, und lauschte aufmerksam seinen Erklärungen. Als er an die Berner Alpen kam, hielt er inne und fragte, ob sie sich derselben noch erinnere. Ohne Zaudern nannte und wies sie ihm alle die Berge, welche sie damals vom Sandboden aus hatte sehen können.

„Sie sind eine gelehrige Schülerin, Gnädigste. Was mich wundert, ist, daß Sie heute der ungleich großartigeren Rundschau gegenüber bei weitem weniger erschüttert sind als neulich.“

„Weil ich vorbereitet war“, sagte Lucie, noch in der Erinnerung erröthend, daß ein Fremder sie in jener Gemüthsverfassung überrascht. „Uebrigens war ich auch heute meiner nicht ganz sicher, deshalb wollte ich den ersten Eindruck allein empfangen und entfernte mich von der Gesellschaft ... zu der wir jetzt aber doch zurückkehren möchten.“

„Herr Dönhoff kennt die Schweiz so gut als ich, und wird den anderen die Namen der Berge gewiß eben so genau nennen können,“ meinte er; und ruhig, als dürfe Lucie nach diesen Worten an die Rückkehr zu den übrigen vorläufig nicht mehr denken, setzte er seine Erläuterungen fort. Etwas von dem tiefen Frieden, den er vorhin auf ihrem Gesichte gesehen, kam über ihn, als sie lauschend und lernend neben ihm stand, und ihre klugen Augen die Namen von seinen Lippen abzulesen schienen, um sich dann wieder dem Gebirge zuzuwenden, und sie demselben auch richtig anzupassen. Er hätte stundenlang so neben ihr stehen und zu ihr reden mögen, aber er war mit seiner Erklärung noch nicht einmal an den letzten Zacken des bairischen Hochgebirgs gekommen, als Herr Dönhoff erregten Schrittes daherkam und die Gruppe neben dem Granitblocke mit großem Mißbehagen fixierte.

„Nun erscheint aber doch ein Abgesandter Madame de Charry's!“ sagte Lucie.

„Nein“, antwortete der Forstkandidat ehrlich, „ich wollte Ihnen nur zur Orientierung behilflich ....“

„Was für freundliche Begleiter!“ rief Lucie lachend. „Schönsten Dank, aber Herr Steinfeld hatte soeben die Güte, mir alle Berge zu nennen. Und nun wollen wir zu den anderen zurückkehren.“ Diesmal nahm sie Dönhoffs dargereichten Arm freundlich an und gelangte so, den wieder schweigsam gewordenen Magnus an ihrer anderen Seite, an den Ort, wo Madame de Charry mit dem Ausrufe, ob es nicht über alle Beschreibung magnifique hier sei? ihr zunickte.

Die Französin war so in Entzücken aufgelöst, daß sie die Abwesenheit der jungen Dame nicht beachtet hatte, und da Else gerade in lebhafter Unterhaltung mit Herrn Guillaume begriffen war, — sie ärgerte ihn offenbar, denn seine Augen blitzten vor Aufregung, und sein hübsches dunkles Gesicht war zornig geröthet, — stellte sich Lucie, nachdem sie lächelnd mit einer Handbewegung die beiden Herren gewissermaßen verabschiedet, neben den Fahrstuhl und blickte mit zärtlicher Theilnahme in Helenens schönes, jetzt aber todtenblasses Gesicht. Die Kranke umspannte mit beiden Händen nervös Luciens Rechte, und das junge Mädchen sanft zu sich herabziehend, flüsterte sie: „Ich hatte vor der Operation noch einmal die Herrlichkeit der Welt sehen wollen.... daß sie so schön ist, hatte ich gar nicht mehr gewußt. Nun will mir das Herz schwach werden. — Liebe, ich bitte Sie, veranlassen Sie den Aufbruch.... Und Sie sind mir nicht böse, daß ich Ihr Vergnügen so selbstsüchtig abkürze, nicht wahr?"

Lucie beugte sich über Helenens weiße Stirn und küßte sie statt jeder Antwort in innigem Mitgefühle. Darauf trat sie zu der Französin und machte dieselbe auf die vorgerückte Stunde aufmerksam, wobei sie an den weiten Weg und die Unbequemlichkeit, im Dunklen die steinige Straße zu passieren, erinnerte.

„Vous avez raison... comme toujours, chère aimable petite personne", entgegnete Madame de Charry, trug ihrem Sohne auf, die beiden Männer für Helenens kleinen Wagen aus dem Hotel zu holen, und schritt dann selbst rüstig der Karawane voran, während der Fahrstuhl, auf dem steilen Wege jetzt mit Mühe von den Leuten zurückgehalten, als letztes Glied in der Kette langsam folgte.

XI.

Das ist das Leben, Kind! ein ewig Jammern,
Ein ewig Abschiednehmen, ew'ges Trennen.
H. Heine.

„Das Fräulein von drübe ischt hier gsi", sagte am nächsten Vormittage Luciens Mädchen zu der jungen Dame, welche mit einem mächtigen Feldblumenstrauße in der einen, und Kurtchen an der anderen Hand vom Weißenstein zurückkehrte.

„Wer? Fräulein Else Berg?"

„Doch, Else heischt sie. Weil Sie nicht da gsi sind, gnädicks Fräulein, ischt sie wieder heim gange."

„Was sie nur wollte? Es wird doch nicht etwas mit Fräulein Helene ...." noch ehe Lucie den Satz zu Ende gedacht, hatte sie Kurtchen bereits ins Zimmer geschoben; und ohne sich die Zeit zu nehmen, den Strauß aus der Hand zu legen, eilte sie zu dem Nachbarhause hinüber. Der Balkon war trotz des freundlichen Sonnenscheins unbesetzt, aber das war ja noch kein Beweis, daß Helene kränker sein mußte.

Auf ihr leises Klopfen öffnete Else die Thür des Wohnzimmers, und offenbar angenehm berührt von

Luciens Erscheinen, reichte sie ihr ohne eine Spur ihres sonstigen schnippischen Betragens die Hand und rief warm: „Das ist freundlich von Ihnen!"

„Wie geht es Fräulein Helene?" fragte Lucie hastig.

„Ich ängstige mich um sie", erwiderte Else, „deshalb suchte ich Sie heute früh auf und war sehr enttäuscht, Sie nicht zu finden. Helene will nicht aufstehn; sie sagt, sie habe keine Schmerzen, aber sie sei heute zu schwach, um sich zu erheben."

Lucie fiel ein Stein vom Herzen: nach der gestrigen Aufregung war eine solche Schwäche bei der Kranken leicht erklärlich. Das sprach sie auch gegen die besorgte Schwester aus.

Else athmete erleichtert auf, glaubte aber nicht Unrecht gethan zu haben, daß sie sofort an Erwin Steinfeld telegraphiert hatte.

„Was wird Helene nur sagen, wenn sie es erfährt! Aber die Verantwortung ist doch zu groß für mich!" sprach das junge Mädchen seufzend.

Lucie drückte ihr die Hand mit aufrichtiger Achtung, daß sie in so treuer Liebe um die Kranke sorgte und sie so verständig pflegte, — in dieser zärtlichen Achtsamkeit weit über ihre Jahre hinaus, während sie sich doch in mancher anderen Beziehung noch gar kindisch und unerfahren betrug. Und vergeben war in Luciens wohlwollendem und versöhnlichem Herzen alles, was Else in ihrem Benehmen gegen sie verschuldet hatte. Nichts als herzliches Mitgefühl empfand sie für das junge Mädchen, welches den Besuch jetzt durch das Zimmer führte und, leise die Thür nach der anstoßenden Schlafstube öffnend, mit halblauter Stimme fragte: ob Helene Fräulein Helwing sehen und sprechen wolle?

„Gewiß, und mit vielem Vergnügen", antwortete die Kranke laut genug, daß Lucie es hörte und nun ohne weiteres eintrat.

Bleich, dunkle Ringe um die großen braunen Augen, so lag Helenens Haupt matt auf dem Kissen, aber sie streckte der Eintretenden die durchsichtigen Hände entgegen und sagte: „Es ist doch etwas Schönes um theilnehmende Freundschaft, besonders wenn sie in so frühlingshafter Gestalt zum Zimmer hereinschwebt!"

„Es freut mich, daß Sie so sprechen, gnädiges Fräulein, weil ich Ihnen diesen Frühling hier lassen kann, wenn ich nachher zu meinem hungrigen kleinen Neffen zurückkehre. Sie erlauben doch?" sprach Lucie, indem sie den Strauß in ein Wasserglas setzte und dasselbe in die Nähe der Kranken rückte. „Sie haben sich mit dem gestrigen Ausflug ein wenig zuviel zugemuthet, nicht wahr? Es ist die uralte Geschichte vom willigen Geiste und schwachen Fleische?"

„Ja. „Quintessenz des Staubes" nennt Hamlet

den Menschen. Ich fühle heute wieder einmal deutlich, wie Recht er damit hat."

„Soweit er den körperlichen Menschen im Sinne hat, gewiß. Aber es wohnt doch noch etwas in uns, das Zeit und Raum überdauert, den Staub beseelt und ihn beherrscht; und ich fürchte wirklich, daß Sie kränker sind, als Sie zugeben, weil Sie, die Sie sonst so ganz Geist und so gar nicht Materie scheinen, auf einmal in dieser Weise reden! — Ach, ich wollte, Herr Erwin Steinfeld wäre hier!"

„Ich auch", flüsterte Helene schwermüthig.

Lucie und Else wechselten einen schnellen Blick.

„Morgen früh kommt er; ich habe ihm telegraphiert", sprach Else ruhig.

Die Kranke fuhr auf. „O Else! wie konntest Du...! Er wird erschrecken... sich ängstigen..." Sie drückte die schmalen Hände vor das Gesicht und schluchzte, aber die Mädchen hörten beide heraus, daß es mehr Sehnsucht und Wiedersehensfreude als Schreck war, was Helene bewegte.

„Zürnst Du mir?" fragte Else, indem sie vor dem Bette niederkniete, in so sanftem Tone, wie Lucie ihn aus ihrem Munde kaum für möglich gehalten hätte.

„Nein, Kind, nein! Ich glaube beinahe, ich freue mich... Es ist recht gut, daß Du ihn gerufen hast," lächelte die Kranke unter Thränen. —

Und: „Es war sehr gut, daß Du mich riefst," sagte den anderen Tag eine gedämpfte tiefe Stimme zu Else, — und dabei ruhten Dr. Erwin Steinfelds ernste Augen nachdenklich auf der Thür, hinter welcher seine Braut sich befand, erschöpft von der Aufregung des Wiedersehens.

„Am liebsten nähme ich Euch noch heut mit mir nach Hause", fügte er hinzu. „Helene ist zwar augenblicklich schwach, aber ich finde doch, daß die Bergluft ihr gut gethan hat. Ja, ich möchte fast . . ." er stockte und blickte in schwerem Erwägen vor sich hin.

Else verstand ihn sofort. „O thue es doch, Erwin! Die Angst vor der Operation ist fast eben so schrecklich, als diese selbst . . . und was können denn drei Wochen noch in Helenens Befinden ändern? Höchstens schaden kann sie sich durch den fortwährenden Gedanken an das, was bevorsteht!" flüsterte Else mit feuchten Augen.

„Auf alle Fälle müßten wir abwarten, wie die Heimreise ihr bekommen würde," erwiderte er, und seine Brust hob sich unter einem tiefen Athemzuge, während er nach seinem Hute griff, um der mächtig auf ihn einstürmenden Gedanken und Gefühle in Gottes freier Natur Herr zu werden.

Er wußte so gut wie Helene, daß ihre Rettung von einer höheren Gewalt abhängig war als seiner

Geschicklichkeit und dem Beistande seines Freundes, des berühmten Professors. Es gab dabei eine Grenze für menschliches Können, über welche hinaus sie nichts zu thun vermochten, um dem gequälten Körper zu Hilfe zu kommen. Und wer wagte vorauszusagen, wie jene höhere Entscheidung ausfallen würde? Wenn die Kranke unterlag — und für diese Möglichkeit sprach eben so viel als für das Gegentheil — dann, das fühlte der ruhelos dahinschreitende Mann deutlich, war auch sein Stern erloschen. So innig fühlte er seine Seele durch die langen Leidensjahre mit Helene verbunden, daß ein Weiterleben ohne sie ihm undenkbar war. Was sollte also werden, wenn —

Er wagte es nicht, den Gedanken ein zweites Mal auszudenken, lehnte sich, von den schmerzlichsten Empfindungen zerrissen, an einen Baum und trocknete sich die feuchte Stirn.

Er wußte nicht, daß er an einer der schönsten Stellen St-Blasiens stand, dem sogenannten Tusculum; und von dem Wasserfalle, der schäumend und tosend sich unter seinen Füßen in das steinige, von Felsen eingeengte Bett stürzte, sah und hörte er nichts. — Lucie Helwing aber, welche über die Brücke schritt, bemerkte sowohl den Fremden als seine Bewegung, und weil sie wußte, daß an dieser Stelle oft Menschen vom Schwindel befallen wurden, und sie den unbekannten Herrn nicht selbst ansprechen mochte, so schickte sie den kleinen Kurt mit dem Auftrage hin, den Unvorsichtigen ein paar Schritte von dem Platze wegzuführen, bis er wieder zu sich gekommen.

„Es ist nicht gesund, daß Du hier stehst", hörte sich Erwin Steinfeld plötzlich angeredet, und sein umwölkter Blick fiel erstaunt auf einen schönen Knaben, der ihn an der Hand faßte und den unwillkürlich Nachgebenden etwas weiter von dem Wasserfalle fort zog. „So, nun wird's wieder gut werden", sprach das Kind und ging, ohne eine Antwort abzuwarten, dem Fremden nur noch einmal zunickend, zu Lucie zurück, welche Bäume und dichtes Gebüsch jetzt vollständig verbargen.

Schnell und sonderbar wie eine höhere Erscheinung war das Kind in und aus Erwins Gesichtskreis getreten, nur die Erinnerung an das unschuldstrahlende Antlitz und die liebliche Stimme hafteten noch in seinen Sinnen. War es nicht wie ein tröstlicher Gruß von oben: „Nun wird's wieder gut werden?" Erwin Steinfeld war in keiner Weise abergläubisch; er wußte genau, daß dieser Knabe Fleisch und Blut gewesen ... aber daß er gerade in diesem Augenblicke und so zu ihm gesprochen, nahm er für eine freundliche Vorbedeutung und fühlte sich von seinen düsteren Gedanken in so weit befreit, daß er nur noch die Frage, ob er seine Braut geradeswegs mit sich nehmen sollte, in Erwägung zog. Er kam zu dem Ergebnis, daß dies das beste sei, daß aber weder Helene noch auch sein Bruder Magnus von der Beschleunigung der Entscheidung unterrichtet werden dürften.

Erwin hatte Magnus schon gesprochen, noch ehe er Helene gesehen, denn der Künstler war dem Bruder entgegen gegangen, hatte sich in dessen Wagen gesetzt und unterwegs alles mitgetheilt, was er inbezug auf die Kranke wußte. Dabei war dem Arzte die vortheilhafte Veränderung, welche sich in Magnus vollzogen, nicht verborgen geblieben, und durch die Briefe seiner Braut genugsam vorbereitet, hörte er bald heraus, wessen Einfluß er dies hauptsächlich zu danken hatte. Ein wohlwollender Blick streifte Helenens Nachbarhaus, als er an diesem vorüberging.

Am offenen Fenster stand Kurtchen. Als Dr. Steinfeld hinaussah, erkannten sie sich gegenseitig, und das Kind sagte laut: „Siehst Du, Tante, der Herr ist nicht ins Wasser gefallen!“

Lucie, welche keine Ahnung davon hatte, daß der Fremde sich dicht am Hause befand, blickte über den blonden Kinderkopf hinaus und erhielt erröthend den Gruß des Vorüberschreitenden. Etwas in dieser Bewegung und in seinem Gange erinnerte sie an Magnus Steinfeld; es war dieselbe hohe schlanke Gestalt, nur sprach sich in den festen Schritten im

Gegensatze zu des Technikers lässiger Haltung energische und gesunde Kraft aus.

„Ob das wohl Dr. Steinfeld war?“ dachte sie.

Am Nachmittage erhielt sie die Bestätigung, denn mit herzlich entgegengestreckter Rechten trat Erwin in dem Wohnzimmer Helenens auf sie zu und dankte ihr in warmen Worten für ihre freundliche Theilnahme, die seiner Braut den Aufenthalt in St-Blasien so angenehm gemacht hatte.

„Das klingt fast, als würde Fräulein Helene abreisen —?“ sagte Lucie erschrocken.

„Das wird sie, und zwar schon morgen früh. Nicht wahr, gnädiges Fräulein, Sie werden ihr den Abschied nicht schwer machen?“ sprach der Arzt bittend.

Es blieb ihr keine Zeit zur Erwiderung, weil in diesem Augenblicke Helene an Elsens Arm aus dem anstoßenden Zimmer trat; aber Lucie hatte große Mühe, den Wunsch des Doktors zu erfüllen.

Und so bitter hatte sie in ihrem ganzen Leben noch nicht geweint als diesen Abend, an dem sie sich sagte, daß sie den nächsten Morgen das edle Gesicht des liebenswürdigen Mädchens aller menschlichen Berechnung nach zum letzten Male gesehen haben würde, — selbst wenn den Aerzten die Rettung der Kranken gelänge. Denn welcher Zufall würde sie aus Norddeutschland noch einmal nach dem Süden führen?

Die Winterahnung, welche damals bei dem ersten Reif ihr Herz befallen, kam wieder und in verstärktem Maße über sie, und zum ersten Male, seit sie von Hause entfernt war, fühlte sie sich in der Fremde einsam und verlassen, hatte sie Heimweh.

XII.

Musik, du Mächtige, vor dir entschwindet
Der armen Sprache ausdrucksvollstes Wort.
Warum auch sagen, was das Herz empfindet?
Tönt doch in dir die ganze Seele fort.

Helene von Orleans.

„Liebe Lilli! Ueber die Höhen und Thäler des Schwarzwaldes ist mir ein trüber Schleier gezogen: Helene Berg weilt nicht mehr hier! Und wie das so kalt und nüchtern auf dem Papiere steht, fühle ich erst, ein wie kläglicher Ersatz das geschriebene Wort für die lebendige Zwiesprache vertrauter Herzen ist, wo der Ton der Stimme, ein Aufblick alles das ergänzt, was auszusprechen nicht nöthig oder nicht gut scheint. Nach allem, was ich Dir von der Kranken erzählt habe, wirst Du Dir vorstellen können, wie sie mir fehlt; — meine Spaziergänge kommen mir jetzt zwecklos vor, da ich durch deren Beschreibung ihr nicht mehr einsame Stunden verplaudern kann, die Nachmittage dünken mich endlos, das stille Versenken in ein Buch statt des ehemaligen gemeinsamen Lesens matt und schal.

Helenens Bräutigam, Dr. Steinfeld, hat sie uns entführt; aber freilich, er hatte ein Recht dazu, und wo ein solches in so echter treuer Liebe und sanfter Zärtlichkeit ausgeübt wird, da wagt selbst die begeistertste Freundschaft nicht zu murren, daß ihr drei volle Wochen glücklichen Beisammenseins geraubt sind. Ich wollte, Lilli, ich könnte Dir diesen Dr. Steinfeld so vor das geistige Auge stellen, wie er ist: so voll männlichen Ernstes, voll stiller Würde, und so voll aufmerksamer Liebe für seine Braut. Auch ist er ein schöner stattlicher Mann — Herr Magnus sieht, trotzdem er sich sehr erholt hat, zu farblos, zu nervös aus, um hübsch zu sein (obgleich er hin und wieder interessante Momente hat), und zur Stattlichkeit fehlen ihm, laut Sancho Pansa, „drei Finger breit ehrlicher Christenspeck auf den Rücken." Bei alledem zollte der ältere Bruder dem Techniker in Blick und Benehmen eine eigenthümliche stolze Bewunderung; und wenn ich nicht fürchten müßte, von Dir ausgelacht zu werden, so würde ich jetzt eine großartige Vermuthung zu Papier bringen.

Der Abschied von Fräulein Helene ist mir entsetzlich schwer geworden; wären nicht de Charry's und der Techniker dabei gewesen, so würde ich wahrscheinlich mich nicht beherrscht und laut geweint haben — im Herzen that ich es jedenfalls. Herr Magnus war leichenblaß, er küßte Helene, als sie im Wagen saß, die Hand, ohne ein Wort zu sprechen, sie aber legte ihm über den Wagenschlag hinweg die Rechte auf den Scheitel und murmelte etwas, das ich nicht verstand, wobei sie ihn erst mit dringendem Ernste und dann mit sanftem Lächeln anschaute. Else war so aufgelöst, daß nicht alles auf Rechnung des trotz aller schlechten Behandlung ihr sehr genehmen Herrn de Charry gesetzt werden darf. Sie reichte uns allen wiederholentlich die Hände, den kleinen Kurt hätte sie am liebsten mitgenommen, und die Tropfen, welche aus ihren großen Augen auf Herrn Guillaume's Abschiedsbouquet flossen, zeigten noch zuletzt den übermüthigen Backfisch von seiner besten Seite. Der junge Franzose schluckte beim Sprechen an seinen Thränen, Madame de Charry war herzlich und liebevoll wie immer zu Helene, freundlicher als gewöhnlich zu Else. Wahrscheinlich hält sie es für ein Glück, daß durch die Abreise der Schwestern der jugendlichen Leidenschaft ihres Sohnes jäh eine Grenze gesetzt ist, sonst hätte sie sich wohl noch ergriffener durch den Abschied von Helene gezeigt.

Als der Wagen fortrollte, „war mir's, als sei verschwunden die Sonn' am hellen Tag", ich ging in meine Wohnung zurück und setzte mit Virtuosität die Beschäftigung fort, welche ich den Abend zuvor mit großer Ausdauer betrieben hatte, — in aufrichtigem

Deutsch: ich weinte so recht aus Herzensgrund ... und wenn Du etwa finden solltest, daß ich über einen so tiefen Schmerz jetzt, nach kaum drei Tagen, zu leichtfertig spreche, so wisse nur, Du Liebe, daß mir noch in dieser Stunde die bloße Erinnerung Thränen in die Augen treibt, und ich nichts sehnlicher wünsche, als bei Dir zu sein, und mich von Dir trösten zu lassen." —

Hier stützte Lucie Helwing den Kopf in die Hand und starrte sinnend durch das offene Fenster in die schwarze schweigsame Nacht hinaus.

Da plötzlich zitterte der sanfte Ton einer Geige durch die Luft. Leise, fast schüchtern erklang die schlichte Weise „Es ist bestimmt in Gottes Rath" — bei ihrer Wiederholung umspann sie sich mit tausend gleichsam hineingeflüsterten Tönen wie eine Pflanze mit bunten Blüthenranken. Jetzt endete das Lied, es folgte ein kurzer Uebergang, und nun begann ein Beethoven'sches Adagio, in all seiner schmelzenden Weichheit und ernsten Anmuth so unvergleichlich vorgetragen, daß Lucie unter dem Zauber dieser Klänge an das Fenster trat und mit mächtig klopfendem Herzen fast athemlos lauschte. Sie war Kennerin genug, um zu wissen, daß sich in dieser künstlerisch vollendeten Wiedergabe etwas Außergewöhnliches offenbare, eine Genialität der Auffassung, wie sie eine ähnliche nie zuvor gehört ...

und plötzlich durchzuckte sie die Ueberzeugung, daß niemand anderes als der weltberühmte Geiger Steinfeld dieser Künstler sein könne. Wie hatte sie sich auch der Unwahrscheinlichkeit, daß zwei Menschen gleichen Alters einen und denselben seltenen Namen führen sollten, so kindlich leichtgläubig hingeben können! Und jetzt, wo die dunkle Ahnung, welche sie vor drei Tagen inbezug auf Magnus gehabt, sich zu klarer Gewißheit in ihrer Seele entwickelte, jetzt ward ihr rasch ein Verständnis für das Wesen dieses sonderbaren Mannes. Sie glaubte ihm nachzufühlen, wie er, angewidert durch den Haut-goût des Lebens, sich in diese Einsamkeit zurückgezogen, wie er die goldene Last seines Weltruhms, kostbar aber bedrückend, abgelegt hatte, um sich in der Unbekanntheit eines Alltagsmenschen zu erholen — — und alles, was an unbedachten Andeutungen den Lippen der Schwestern entschlüpft war, und was sie in einer ihr jetzt unbegreiflichen Harmlosigkeit auf das Amt eines Technikers bezogen hatte, stand nun in seiner wahren Bedeutung vor ihr.

So voll von Gefühlen, besonders einem ihr bisher fremden inneren Jubel war ihr Herz, daß sie sich in einem Anfall körperlicher Schwäche auf einen Stuhl am Fenster niederlassen mußte. „Ein Techniker? freilich bist Du einer, denn die Technik der Kunst ist Dein eigenstes Gebiet!“ flüsterte und lachte sie vor sich hin, „aber daß die Eltern Deiner Technikerlaufbahn widerstrebten, finde ich erklärlich, das Loos solch eines Technikers ist ungewisser als die Uebernahme eines Familiengutes! Und so verdankst Du es Erwin, daß Du der gottbegnadete Meister werden durftest, der Du bist . . . o der gute treue Bruder! — Was sagte doch Helene, als sie mir erzählte, wie Du durch die Unbedachtsamkeit einer Minute Dir jahrelange Seelenschmerzen zuzogst, die Dich noch immer martern? „Damals rettete ihn seine Kunst.“ Und ich Thörin meinte, Du hättest, um Dein Leid zu vergessen, Maschinen erfunden und Brücken gebaut! O ja, die Maschine, um der Zuhörer ruhige Herzen in schnelle Bewegung zu bringen, hast Du erfunden, und die Brücke hast Du gebaut, auf welcher der Laien Verständnis bis zur Höhe Deines Genius hinübergelangen kann, Du hehrer Künstler, Du großer Mann!“

Draußen klang die Musik immer fort, bald schmelzend und zärtlich, bald voll Kraft und stürmischer Leidenschaft, und jeder Ton drang wie ein Liebesgruß in Luciens erwachendes Herz. Sie hatte das Haupt mit den wirbelnden Gedanken an das Fensterkreuz gelehnt und ließ die Fluthen der Melodieen über sich hinrauschen, willenlos ihrem Zauber hingegeben. Als endlich der letzte Ton verhallt war, fuhr sie wie aus einem Traume auf, schloß das

Fenster und trat wieder an den Tisch zurück. Nachdenklich blickte sie auf den angefangenen Brief; es wäre ihr unmöglich gewesen, weiter zu schreiben. —

Sie meinte zu wissen, was Magnus Steinfeld gerade heute bewogen hatte, ihr zu zeigen, wer er sei. Sie hatte ihn an dem Tage, an dessen Morgen Helene abgereist war, nicht wiedergesehen; Madame de Charry, die sie nachmittags auf der Promenade getroffen, hatte ihr mitgetheilt, daß er sogar zur table d'hôte gefehlt habe. Der gestrige Tag war zu regnerisch und kalt gewesen, als daß sie das Zimmer hätte verlassen mögen, sodaß eine Begegnung nicht statt gefunden; und so hatte er sie erst heute und zwar in einem Augenblicke wiedergesehen, wo seine Gegenwart ihr durchaus unerwünscht sein mußte.

Herr Dönhoff nämlich, für dessen Gefühle ihr durch Helenens Bemerkung die Augen geöffnet waren, hatte am Morgen anfragen lassen, ob er sich erlauben dürfe, sie und den kleinen Kurt nachmittags auf einen entfernten Aussichtspunkt zu führen, von welchem er annehme, daß er ihr noch unbekannt sei. Auf Kurtchens inständiges Bitten hatte sie eingewilligt, allerdings nur in der Ueberzeugung, daß Madame de Charry sich bereit finden lassen würde, sie zu begleiten. Allein die Französin, welche eine sehr ausgebreitete Bekanntschaft unter den Badegästen St-Blasiens erworben, war für den Nachmittag bereits versagt und lachte überdies das junge Mädchen für seine scrupules allemands herzlich aus, sodaß Lucie sich, wenn auch ungern, zu dem Spaziergange mit Dönhoff allein entschließen mußte. Indessen hatte sie keinen Grund, sich über ihren Führer zu beklagen; seine mannichfachen kleinen Aufmerksamkeiten erwies er ihr gerade eifrig genug, um zu zeigen, wieviel ihm an ihrer Gesellschaft gelegen war, aber er wagte nicht, sie durch ein Wort der Erklärung in Verlegenheit zu setzen. So hatte sie denn allmählig auch ihr inneres Gewappnetsein aufgegeben und plauderte heiter mit dem liebenswürdigen jungen Manne, welcher seine reichen Kenntnisse in Forst- und Wiesenkultur zu manchen belehrenden Bemerkungen für sie und den lernbegierigen kleinen Kurt zu verwerthen Gelegenheit fand.

Um zu dem Aussichtspunkte zu gelangen, mußten sie einen steilen Bergabhang hinaufklimmen, den ein mit hohem Gestrüpp bestandener, im Zickzack gewundener Weg so gangbar als möglich machen sollte; doch ließ derselbe den Aufstieg noch immer unbequem genug erscheinen, sodaß Lucie, ganz vergessend, wie bestimmt sie bei der Parthie nach Höchenschwand erklärt hatte, daß man besser allein als geführt einen Berg ersteigen könne, den dargebotenen Arm des Forstkandidaten annahm und, den kleinen Kurt, der nachdrücklich jede Hilfe abgewiesen, hinterdrein, unter fröhlichen Scherzen die „Gebirgsreise“, wie sie es nannte, begann. Bei der ersten jähen Wendung des Weges sahen sie sich plötzlich Magnus Steinfeld gegenüber.

Ein so ungläubiger erschrockener Blick aus seinem blassen Gesicht traf die junge Dame, während er mechanisch grüßend den Hut zog, daß Lucie unter heftigem Erröthen ihren Arm aus dem Dönhoffs nahm und stotternd sagte: „Es ist ein sonderbarer Zufall, daß wir uns so fern von St-Blasien begegnen.“

„Ja, sehr sonderbar, Gnädigste“, erwiderte er kalt, und Lucie sah mit geheimem Schreck, wie feindlich die beiden Herren einander maßen.

Dann waren sie weiter geschritten. Aber als die Hinaufsteigenden bei der dritten Biegung des Weges gerade über jenen Ort der Begegnung zu stehen kamen, konnte sich Lucie trotz ihres Begleiters nicht enthalten, hinabzuschauen. Magnus befand sich noch an derselben Stelle, wo sie ihn verlassen ... er sah auf, und da trieb sie ein unwiderstehliches Gefühl, ihm lächelnd mit der Hand einen Gruß hinunterzuwinken, worauf er rasch, wie freudig, den Hut schwenkte und seinen Weg abwärts fortsetzte.

„Ei, der Glückliche! Er hat es heute nicht um Sie verdient, gnädiges Fräulein“, sagte der Forstkandidat unzufrieden.

„Je weniger er es verdient hat, desto mehr Verdienst liegt in meiner Güte", wiederholte Lucie scherzend Magnus' Citat von damals, als er sie um die „Krapfen" gebeten, und bei der Erinnerung an jenen fröhlichen Nachmittagsbesuch schwoll ihr das Herz vor... Wohlwollen gegen ihn, wie sie meinte. —

Und was sie bei Steinfelds Blick auf Dönhoff vor einigen Stunden schon wie ein unbestimmtes Glücksgefühl durchbebt hatte, das steigerte sich jetzt zur beseligenden Gewißheit: — Magnus liebte sie! Nicht nur Magnus der Techniker, der trotz seines weltmüden Wesens, trotz seiner Häßlichkeit, trotz seines einfachen Standes ihr verwöhntes, schönheitsbegeistertes, lebensfreudiges Herz allmählig gewonnen, — nein, Magnus der Künstler, der Abgott seiner Zeit!

Lucie hielt in dem Auf- und Abschreiten plötzlich inne, that einen tiefen, tiefen Athemzug, ergriff dann die Lampe und begab sich in das Schlafzimmer. Als sie vor dem Spiegel die Haarnadeln aus den blonden Flechten zog, sah sie erstaunt, wie blaß ihr Gesicht war.

„Sieht man so aus, wenn man glücklich ist?" fragte sie sich... und nun erst fiel ihr wieder Helene ein, und was alles von dem Leben dieser theueren Kranken für Erwin und Magnus — und jetzt auch für sie selbst abhing. Eine eigenthümliche Angst erfaßte sie, sie schalt sich selbst thöricht, fühlte jedoch, daß sie, bevor sie diese innere Unruhe nicht überwunden, an Schlaf nicht denken könne. Unwillkürlich griff sie nach einem Buche, welches auf ihrem Nachttischchen lag; es war ihr geliebter Weber. Aber als sie ihn aufs Gerathewohl aufschlug, traf ihr Auge auf die Stelle, wo die Mönche des Klosters „Dreizehnlinden" dem vor dem Altar knieenden jungen Heiden, welcher die Christentaufe empfängt, zusingen:

„Auf der Heid' ein Wolkenschatten
Fährt dahin das Menschenleben:
Zittert! In des Lebens Mitte
Sind vom Tode wir umgeben.

Und der Tod, der grimme Schütze,
Hehlings ohne Köcherklirren
Tritt er an, und unaufhaltsam
Pfeil auf Pfeile läßt er schwirren.

Bleicher Jäger; was da athmet,
Königsleute, Bettelleute,
Alle Riesen, alle Krüppel,
Alle sind sie seine Beute.

Und er bläst sein Horn; so traurig
Ist der Hall, so seltsam eigen:
All die Krüppel, all die Riesen,
Alles Fleisch muß an den Reigen.

Und er bläst sein Horn, und Alle
Müssen an den Tanz sie treten,
Ob sie lachen oder weinen,
Ob sie fluchen oder beten.“

Es durchschauerte die Lesende, sie machte das Buch zu und löschte die Lampe, aber ein Chaos von Gefühlen ließ sie erst gegen Morgen in einen kurzen unruhigen Schlummer verfallen.

XIII.

Nun kam und zog er allsogleich
Und machte mich so ganz allein,
Und macht mein Herz an Lieb so reich!
Wem geb' ich sie? — Sie ist nur sein.

O. v. Redwitz.

„Mademoiselle Helwing, ich habe eine Neuigkeit für Sie, so groß, wie die Domkuppel da oben", rief Madame de Charry, aus der Thür des Hotels tretend, dem jungen Mädchen entgegen, das mit einer Tasche am Arme, in welcher einige Einkäufe verborgen waren, über den Kurplatz ging. „Wer, meinen Sie wohl, ist dieser unbekannte blasierte wunderliche Techniker?"

„Eh bien, madame?" fragte Lucie mit einem schwachen Versuch zu lächeln.

„Sie würden es in Ihrem ganzen Leben nicht errathen, obgleich wir, unter uns gesagt, unglaublich stupide waren, daß wir das handgreifliche Inkognito nicht schon am ersten Tage durchschauten. Chère bien-aimée, niemand Geringeres ist er, als das enfant gâté von Paris, London, Berlin und Petersburg, um nur einige europäische Städte zu nennen — von der neuen Welt gar nicht zu reden . . .“

„Aber wer denn?“ beharrte Lucie in ihrer Rolle der Uneingeweihten.

„Nun eben: Magnus Steinfeld, chérie“, lachte die Französin unendlich amüsiert, „Magnus Steinfeld, der Violinist!“

„Woher wissen Sie das, gnädige Frau?“ fragte Lucie, die nach der Meinung Madame de Charry's unbegreiflicher Weise viel zu wenig von dieser außerordentlichen Nachricht interessiert schien.

„Das will ich Ihnen genau erzählen, aber haben Sie die Freundlichkeit, mich in den Schatten zu jener Bank zu begleiten; es ist nämlich eine lange Geschichte, und dabei braucht einem die Augustsonne den Teint nicht noch mehr zu ruinieren, als es ohnehin in dieser Forêt-Noire der Fall gewesen ist“, sagte die lebhafte Dame, das junge Mädchen mit sich fortziehend.

„Gestern Abend also“, begann sie, als die beiden auf der Bank Platz genommen hatten, „fand in dem großen Hotel, wo ich wohne, eine Art Bade-Réunion statt, es sollte getanzt werden. Nun wissen Sie ja, mademoiselle, daß mein Sohn seit der Abreise der koketten Else Berg melancholisch und menschenscheu ist, ich wollte ihn also ein wenig zerstreuen und nahm die Einladung des Hoteliers für ihn und mich an. Plötzlich ertönt in die Tanzpause hinein ein allgemeines: „Still, still! ... o hört doch ... paßt doch auf!“ und als darauf die ganze Assemblée stumm wie eine Versammlung von Fischen dasteht, hört man von draußen ein Geigenspiel — — nun, ich bin in Paris erzogen und habe manch superbes Concert gehört, aber so etwas war mir doch noch nicht zu Ohren gekommen! Die Musik schien von der halben Höhe dieses Berges ... Aber wie ist mir denn? Sie müssen es ja aus nächster Nähe gehört haben — ja, wie ich ce drôle d'homme kenne, hat er Ihnen eine Serenade damit gebracht! Haben Sie denn nichts gemerkt?“

„Wir haben gestern Nachmittag einen sehr anstrengenden Spaziergang gemacht und waren zeitig müde,“ meinte Lucie, die um keinen Preis zu jemandem von den inneren und äußeren Vorgängen des verflossenen Abends hätte sprechen mögen.

Um den Mund der Französin zuckte ein kleines moquantes Lächeln über die naive Ruhe, mit welcher Lucie annahm, die andere werde sich durch die ausweichende Antwort täuschen lassen.

„Écoutez, da haben Sie aber viel versäumt! Das hätte mir in meiner Praxis nicht vorkommen können, daß ich ein Ständchen verschlafen hätte. Vous êtes bien allemande, vous! Doch nun hören Sie weiter: Wir alle standen wie versteinert und lauschten; endlich, als der Künstler aufgehört hat, zu spielen, sagt ein Herr, der gestern Nachmittag aus Leipzig angekommen ist: „Das war Steinfelds Geige, die kenne ich.“ „Comment, Steinfeld?“ schrieen wir alle, „ein langer blonder häßlicher Mensch...?“ „Aber natürlich!“ rief wieder der Leipziger, „haben Sie denn das nicht gewußt?“ Und als er erst hörte, daß dieser Steinfeld nicht einmal seinen Namen verändert, sondern uns durch das simple Wörtchen „Techniker“ dupiert hat, wollte er sich ausschütten vor Lachen über unsere Einfalt. Je vous garantie, ma chère, wir standen da mit Gesichtern, die nichts weniger als geistreich waren, ein Glück nur, daß jeder andere eben so wenig auf das Richtige gekommen war, wie man selbst. Und nun wurde sofort eine große Ovation beschlossen: sämmtliche Cotillonbouquets wurden geschmackvoll zu einem großen Strauße arrangiert, eine sehr enthusiasmierte junge Polin, die viel über den Künstler gelesen hat, schnitt sich eine weiße Atlasschleife vom Kleide und band sie um das Bouquet, und wie wir nun, strahlend vor Vergnügen, daß wir noch um Mitternacht diesem berühmten Manne solch eine improvisierte Aufmerksamkeit erweisen können, den Hotelier bitten, den Strauß hinauf zu tragen, — da sagt uns dieser Herr mit höflichem Bedauern: Monsieur Steinfeld wäre soeben abgereist.“

„Abgereist!“ rief Lucie.

„Oui, parti, — und er, der Hotelier, wisse nicht, wohin (doch man konnte ihm auf hundert Schritt von der Stirne ablesen, daß er es sehr genau wußte!). Indessen glaube er, daß monsieur bald wieder kommen werde, denn er habe einen Theil seines Gepäcks zurückgelassen. — — Und nun: was sagen Sie zu alledem, Sie, seine Flamme?“

Die Französin beugte sich bei dieser Frage weit vor, um Luciens Erstaunen auch ganz en face, nicht bloß en profil genießen zu können, und die junge Dame ward durch diese drollige Neugierde unwillkürlich zum Lachen gebracht. Hatte doch die Nachricht, daß Steinfeld bald wieder kommen mußte, sie beruhigt; ja, seine Abwesenheit war ihr im Augenblick sogar nicht einmal unangenehm, wenigstens blieb ihr mehr Zeit, sich zu fassen. Deshalb erwiderte sie mit durchaus unverstellter Heiterkeit:

„Sagen kann man natürlich gar nichts dazu, — man kann nur staunen.“

„So hätten Sie mir wohl das Vergnügen machen können, dies in etwas höherem Grade zu thun“, schmollte die Französin; zugleich streifte ein so schlauer Seitenblick das von der gestrigen Aufregung noch blasse Gesicht des jungen Mädchens, daß, wenn Lucie denselben gesehn hätte, sie gewußt haben würde, wie wenig sie sich auf ihre Verstellungskunst zugut thun konnte; aber sie hielt die Augen gesenkt, aus Furcht, daß dieselben zu getreue Dolmetscher ihrer Empfindungen sein möchten.

„Sie wissen, gnädige Frau, daß wir Deutschen ein ziemlich phlegmatisches Volk sind“, sagte Lucie entschuldigend.

„Es scheint so ... doch glaubte ich bisher, daß gewisse sentiments in ihrer Aeußerung kosmopolitischer Natur seien“, bemerkte die Französin lachend. „Nun, vielleicht werden Sie in ein paar Tagen derselben Meinung sein wie ich, chérie!“

Sie stand auf, küßte das junge Mädchen, welches so standhaft das Geheimnis seines Herzens für sich behielt, in mütterlicher Zärtlichkeit auf die Stirne und kehrte in das Hotel zurück, aus welchem sie nur getreten zu sein schien, um Lucie die wichtige Neuigkeit zu vermelden.

In tiefen Gedanken stieg die junge Dame den Weg zu ihrem Hause hinauf, und nachdenklich blieb sie den ganzen Tag. Kurtchen meinte, als er sie abends beim Gutnachtsagen küßte: „Wirst Du morgen wieder so still sein, Tante?“ — Langweilig mochte der liebe kleine Schelm die Tante doch nicht nennen.

Der folgende Tag war ein Sonntag. Es zog Lucie mit unwiderstehlicher Sehnsucht in die Kirche, und weil protestantische Gottesdienste — Lucie war evangelisch — in diesem durchweg katholischen Theile Badens nur selten, und auch nicht an diesem Morgen stattfanden, so nahm sie ein Gesangbuch ihrer Schwester und schritt zum Hochamte hinab nach dem Dome. Und andächtiger als die strenggläubigen schwarzwälder Bäuerinnen, welche die fein gekleidete fremde Erscheinung, die so bescheiden mitten unter ihnen kniete, verwundert anstarrten und mit prüfenden Augen musterten, betete Lucie aus ihrem vollen tiefbewegten Inneren heraus für sich und alle diejenigen, deren Loos ihr jetzt so am Herzen lag.

Sie blieb, nachdem der Gottesdienst zu Ende, noch eine Weile an ihrem Platze, um nicht in das Gedränge zu gerathen. Erst als die große Menge sich verlaufen, und nur noch wenige an der inneren Thür standen, erhob sie sich und schritt dem Ausgange zu. Dort hatte jemand auf sie gewartet, nicht, um mit ihr zu sprechen, sondern nur, um sie zu sehen: Dönhoff, der nun, als ihre Augen ihn trafen, sich tief verbeugte und sie mit finsterem Blicke betrachtete.

Bald nach Magnus Steinfelds Spiel hatte er durch Guillaume de Charry erfahren, wer eigentlich sein Rivale sei, und die richtige Erkenntniß, daß er, nachdem das Inkognito gehoben, noch weniger günstige Aussicht als vorher auf Luciens Gunst hätte, ließ ihn lieber sich zurückziehn, als sich einer demüthigenden Abweisung aussetzen. Doch er liebte Lucie; und als er von seiner Wohnung aus sah, wie sie nach dem Dome ging, hatte er sich das wehmüthige Glück ihres Anblicks nicht versagen können und war ihr gefolgt. Nicht gerade zu seiner Beruhigung, denn während er sie so fromm unter dem Volke knieen und beten sah, wand sich ihm das Herz, weil er sich sagte, daß er in dieses inbrünstige Gebet wahrscheinlich gar nicht, oder doch nur in allgemeiner Weise mit eingeschlossen sei.

Als sie ihm aber jetzt auf seinen Gruß mit einem sanften, beinahe schüchternen Blicke dankte, gleichsam, als bitte sie ihm das Weh ab, das sie ihm ohne ihr Wollen zugefügt, da schmolz der finstere Ernst seiner Züge, und ein glitzernder Tropfen glitt über die gebräunte Wange in den dunklen Schnurrbart. Erschrocken hielt er die grüne Mütze vor das Gesicht, verbeugte sich vor dem Altare und besprengte sich so reichlich mit Weihwasser, daß er in der Rotunde das Taschentuch ziehen und das Gesicht trocknen mußte ... nun konnte niemand bei dieser Bewegung ein Arg haben.

Das Wiedersehen mit dem Forstkandidaten hatte die innere Ruhe, welche jede aufrichtige Andacht in unserem Herzen erzeugt, bei Lucie einigermaßen gestört; doch in dem Bewußtsein, daß sie dem jungen Manne niemals, weder durch Wort noch Blick Veranlassung zu der Annahme gegeben, als erwiderte sie seine Neigung, erhielt sie die gehobene Stimmung zurück. Freudig breitete sie die Arme aus, als Kurtchen ihr von dem Hügel herab entgegeneilte, aber sie erschrak, als das Kind nach der ersten Begrüßung ein Papier aus der Tasche zog und rief: „Sieh nur, Tante, solch ein wunderlicher Brief!“ — Es war eine Depesche.

Ihr erster Gedanke galt ihrer Schwester, der zweite Magnus. Aber weder von der einen noch dem anderen, sondern von Else Berg kam das Telegramm mit der Meldung, daß die Operation vorüber, daß Helene gerettet sei.

Fast wäre Lucie in die Kniee gebrochen vor Schreck und Jubel.... So hatte man die Entscheidung beschleunigt, und es war nun alles, alles gut? die drückende Last von Magnus' Seele genommen, dem liebenswerthen jungen Mädchen die Gesundheit und das Glück des Lebens zurückgegeben? O du grundgütiger, du alliebender Vater da droben, wie unermeßlich ist deine Gnade, wie über allen Preis erhaben deine Barmherzigkeit!

Mit gefalteten Händen, die leuchtenden Augen zum Himmel erhoben, stand Lucie mit bewegtem Herzen lange an derselben Stelle; sie hätte zugleich lachen und weinen mögen, und that doch nur einen tiefen Athemzug nach dem anderen, sodaß es fast war, als seufze das Herz unter der Last des Glücks und der Dankbarkeit.

Kurt sah sie mit erstaunten und ängstlichen Blicken an. „Bist Du krank, Tante?“ fragte er zuletzt.

„Nein, Kind, gesund — genesen von allem Kummer und aller Sorge", war die halb geschluchzte Antwort.

So viel des Ergreifenden von seiten des Schmerzes wie der Freude war seit Helenens plötzlicher Abreise über Lucie gekommen, daß es ihr war, als könne sie mehr der Aufregung nicht ertragen. Hatte sie doch alles bisher in sich verschließen müssen, ihr übervolles Herz durch eine Aussprache nicht erleichtern mögen. Nun, wenigstens diese letzte Nachricht wollte sie den anderen nicht vorenthalten. Sie vertraute das Gesangbuch Kurtchens Händen an und stieg aufs neue den Hügel hinab, zu Madame de Charry.

XIV.

Wo liebend sich zwei Herzen einen,
Nur Eins zu sein in Freud und Leid,
Da muß des Himmels Sonne scheinen
Und heiter lachen allezeit.

Hoffmann v. Fallersleben.

Etwa anderthalb Meilen von St-Blasien entfernt liegt lieblich inmitten der Berge ein See. Nicht, wie die Schweizer und Tyroler Bergseen, wird das Wasserbecken von Felswänden umragt, welche den Eindruck des Großartigen und Ueberwältigenden machen, sondern nur Hügel, wie es vom Kahne aus den Anschein hat, umkränzen mit dem Grün ihrer Tannen dieses weltentlegene Gewässer. Freilich, wenn wir dann hören, daß diese „Hügel" die hohen Spitzen des südlichen Schwarzwaldes sind, so glauben wir gern, daß der glatte Wasserspiegel mehr als 3000 Fuß über dem Meere liegt, und wundern uns nicht, daß die sonst so mächtig und wild scheinenden Kuppen dieses Gebirges hier niedrig und zahm aussehen, als wären sie die sanften Wölbungen eines bescheidenen Landrückens. Tiefdunkel, fast schwarz ist das Wasser — auch hierin ein Gegensatz zu den lichtgrünen und blauen Seen der anderen Gebirgsländer. Und wenn die Sage erzählt, daß dieser See die Opfer, welche er verschlungen, niemals wieder herausgiebt, so hat sie einmal ausnahmsweise hierfür ein glaubwürdiges Motiv, denn 95 Fuß tiefer als die Oberfläche ist der schwarze Grund, welcher dem Wasser seine düstere Farbe giebt — allerdings das einzige Melancholische in dem heiter glänzenden Landschaftsbilde.

Auf einer Berglehne über dem Schluchsee liegt das gleichnamige Dorf, und seine zahlreichen Hotels beweisen, daß Wasser und Berge den Ort von der Außenwelt nicht völlig getrennt haben. Läuft doch auch hier die breite Straße, welche vom Rheine, von Albbruck aus nach dem Dreisam-durchströmten Freiburg führt, und manch ein Reisender, der den langsamen Fahrweg der raschen Eisenbahn vorgezogen hat, um die Pracht des Schwarzwaldes nachhaltiger zu genießen, weilt erstaunt an dieser köstlichen Stelle, deren sanfte Lieblichkeit zu der zauberischen Wildheit der Alb- und Schwarzachthäler, durch die man zu ihm gelangt, in so wunderbarem Gegensatze steht.

Nur, wenn der Wind von der Seite kommt, wo die Schwarzach aus dem Schluchsee heraustritt, um sich tobend einen Weg über und zwischen den Granitblöcken in der schauerlich schönen Schlucht zu bahnen, der sie den Namen giebt, nur dann kräuselt sich die

Oberfläche des schwarzen Sees zu springenden weißen kleinen Wellen, meist liegt sie glatt und traumhaft still in den Bergen, und es ist gar süß, in einem der schmucken Kähne zu liegen, und hinauf in den blauen Himmel zu schauen, oder hinüber nach den dunklen Wäldern.

Freundliche, beglückende Gedanken mußten es sein, welche durch das Haupt des blassen Mannes zogen, der an diesem sonnigen Frühherbstnachmittage in einem Kahne auf dem See die Ruder so nachlässig bewegte, daß man wohl merkte, es war ihm weniger um eine Wasserfahrt als um den Aufenthalt auf dem See überhaupt zu thun. Manchmal richtete er die mattblauen Augen prüfend auf das Ufer, aber dabei wußte Magnus Steinfeld genau, daß de Charry's und Lucie Helwing noch nicht angelangt sein konnten. O des seligen Wartens mit einem Herzen so frei, so leicht, nachdem ihm die Last des Kummers um Helene und Erwin abgenommen! O des Glücks dieser Stunde, wo sich ihm die finstere Vergangenheit mit allen selbstquälerischen Vorwürfen schloß, und eine Zukunft sich aufthat voll Hoffnung auf Frieden und Liebe!

Endlich tönte von dem Ufer her ein Ruf der Verwunderung und darauf Madame de Charry's Stimme, welche laut sprach: „Voilà donc notre célèbre déserteur!“

Magnus schnellte den Kahn mit ein paar kräftigen Ruderschlägen an den Landungsplatz, stieg aber nicht aus, sondern sagte nur: „Es war eine Desertion im Interesse des Dienstes, gnädige Frau, ich habe also die Gewißheit des Pardons.“

„Wohl Ihnen!“ erwiderte die Dame, „und was gedenken Sie nun zu thun?“

„Auf dem See spazieren zu fahren ... und ich kann Ihnen nur das Gleiche anrathen. Schade, daß mein Kahn bloß noch für eine Person Raum hat, ich muß Ihnen also, indem ich Sie bitte, mit mir zu fahren, die Grausamkeit zumuthen, sich von Ihrem Herrn Sohne zu trennen.“

„Zu viel verlangt von meinem mütterlichen Herzen!“ rief die Französin lachend. „Aber ich will Ihnen meinen Schützling anvertrauen, der ja wiederum in unserem Kahne keinen Platz hätte. — Eh bien, mademoiselle, haben Sie Furcht vor dem Wasser? O, ein Arm, der so sicher den Geigenbogen führt, wird doch auch ein Ruder zu handhaben verstehn! So, das ist vernünftig. — Und nun, monsieur, richten Sie Ihren Kiel nach Norden, Du, Guillaume, den unseren nach Süden, und dann, wenn wir uns hier wieder treffen, erzählen wir uns gegenseitig unsere Abenteuer. Au revoir!“

Sie setzte sich mit einem Gesicht, in welchem tausend Teufelchen der Schelmerei ihr Wesen trieben, ihrem

Sohne gegenüber und überließ das andere Paar sich selbst.

Dieses saß vorläufig sprachlos in seinem Kahne. Lucie, noch betäubt von dem hier am wenigsten erwarteten Wiedersehen, hatte sich nach unwillkürlichem Sträuben mechanisch in das Boot heben lassen und hörte und fühte nichts als das rasend laute Pochen ihres Herzens; um ihre Verlegenheit zu verbergen, streifte sie die Handschuhe von den Händen und ließ bald de rechten, bald die linken Finger durch das kalte dunkle Wasser gleiten. Magnus seinerseits befolgte wörtlich den heiteren Befehl der Französin und ruderte, so emsig er konnte, nach der entgegengesetzten Richtung, als der andere Kahn genommen. Plötzlich zog er die Ruder ein und sah sein Gegenüber ernst an.

„Ich habe Ihnen einen Gruß von Ihrer Frau Schwester zu überbringen", sagte er.

Vor Erstaunen that sie, was ihr bis jetzt nicht möglich gewesen und worauf Magnus längst gewartet hatte: sie hob die Augen und schaute ihn groß an.

„So waren Sie in Zürich?"

„Ja. Und als ich bei meiner Rückkehr nach St. Blasien mit diesem Gruß und einer Depesche, die mir nach Zürich nachgeschickt worden ... über ... über Helene ..."

„Ich weiß es, Else hat auch mir telegraphiert",

unterbrach Lucie sanft, weil sie sah, daß ihn die Erinnerung an das, was ihm bei dieser Nachricht die Seele bis in ihre innersten Tiefen aufgewühlt haben mußte, zu überwältigen drohte.

„Nun, Fräulein Lucie, Sie wissen, daß mit Helenens Genesung ein neuer Abschnitt in meinem Leben beginnt", meinte er bewegt. „Ich wollte Ihnen das sogleich auseinandersetzen, eilte in Ihre Wohnung und erfuhr dort von dem kleinen Kurt, daß Sie vor wenigen Minuten mit Madame de Charry an den Schluchsee gegangen seien. Da ich nicht wußte, welchen Weg Sie eingeschlagen hätten, so warf ich mich schleunigst in einen Wagen und erwartete hier Ihre Ankunft. — Sie kamen, aber Sie begrüßten mich nicht; Madame de Charry hob Sie in meinen Kahn, Sie sträubten sich ... muß ich wirklich glauben, daß ich ein Narr war, als ich hoffte, Sie würden sich ein wenig auf meine Rückkehr freuen?"

Lucie lächelte und schwieg, aber die dunkle Röthe ihrer Wangen und die weder tief gesenkten Augenlider schienen Magnus Stenfeld über diesen Zweifel zu beruhigen. Er fuhr nach einer kurzen Pause fort:

„Fräulein Lucie, als ich Sie vor einigen Tagen an Herrn Dönhoffs Arm den Berg heraufkommen sah, so strahlend heiter, als schreite in der Person des hübschen jungen Mannes das Glück selbst neben Ihnen her, da erfaßte mich Verzweiflung, weil ich mir sagte, daß die einzigen beiden Eigenschaften, durch welche dieser Mann Sie fesseln konnte, mir leider durchaus fehlen: nämlich Schönheit und, was Sie einmal Helene gegenüber betonten, die Jugend des Herzens. Aber als ich noch wie gelähmt dastand und unter bitteren Schmerzen jede Hoffnung aufzugeben anfing, da bewies mir Ihr Gruß, daß ich zu schnell muthlos geworden sei; in diesem Augenblicke beschloß ich, Ihnen zu zeigen, wer ich bin. Haben Sie verstanden, was ich Ihnen an jenem Abende in den Melodieen sagen wollte?"

„Ja", flüsterte Lucie und sah leuchtenden Blickes zu ihm auf, dann wandte sie den Kopf zur Seite und beugte sich über das Wasser, während er ihre Rechte ergriff und mit leidenschaftlicher Heftigkeit an seine Lippen zog.

„Und Du willst mein sein, Lucie?" Sie nickte, ohne aufzusehen.

„Darf ich fragen, weshalb Sie nach Zürich reisten?" sagte sie nach einigen Sekunden, während welcher es beiden unmöglich gewesen wäre, ein Wort zu reden.

„Um Ihre Schwester kennen zu lernen", antwortete er, durch die mädchenhafte Schüchternheit, mit welcher sie seinem zärtlichen Blicke auswich, halb geärgert, halb entzückt. „Ich will Ihnen alles gestehen, zuvor aber müssen Sie mir das Recht des Verlobten gewähren, seine Braut zu duzen, und das gleiche Recht für sich in Anspruch nehmen. — Sieh, Lucie, ich wollte mich nicht erklären, so lange Helenens Schicksal nicht entschieden war; die Zeit bis dahin konnte ich aber unmöglich besser verwerthen, als indem ich mir das Wohlwollen Deiner einzigen Verwandten zu erwerben suchte. Es war ein Zufall, daß ich in demselben Hotel abstieg, in welchem Dein Schwager wohnte, denn Du hattest den Namen nicht verrathen, aber um der Nachbar Deiner Schwester an der table d'hôte zu werden, mußte ich dem Zufalle freilich etwas nachhelfen. Nun, Frau Dr. Olmhagen ist eine sehr kluge Frau — sie hat ganz Deine Augen, Lucie, daran allein hätte ich sie unter Hunderten als Deine Schwester herausgefunden! — und es wurde ihr nicht schwer, mich zu durchschauen. Als das Telegramm aus Karlsruhe ankam und meine sofortige Abreise entschied, bat ich sie um eine schriftliche Empfehlung bei Dir. Hier ist sie."

Magnus zog ein kleines Couvert aus seiner Brieftasche und überreichte es seiner Braut. Während sie es öffnete, fügte er hinzu: „Dein Schwager läßt Dir mündlich sagen, daß, da ich keine Spinnen fange, Du wohl an mir nichts auszusetzen haben würdest... worauf sich das bezieht, weiß ich nicht."

Lucie klärte ihn lachend auf und las dann das Billet ihrer Schwester, welche lakonisch schrieb:

„Kind, meinen Seger meinen Glückwunsch, meinen Respekt auf, zu und vr Deinem künftigen Namen.

Amalie.“

„Lesen Sie“, sagte Lcie heiter, indem sie Magnus die Karte hinhielt.

„Lucie — Sie!“

„Du, Du, Du!“ flüstcte sie, und für einen Moment brach all ihre Liebe undZärtlichkeit aus ihren Augen.

„Mais où restez-vou?“ rief Madame de Charry über den See; sie und hr Sohn waren längst wieder am Landungsplatze.

„Ihr Theil des See muß entschieden größer und interessanter gewesen sei!“ spottete sie, als Magnus eifrig herangerudert wr. „Den unsrigen hatten wir rasch genug durchmessenund fürchteten schon, daß Sie mit Ihrem Boote in llgen und Tangen gerathen wären, weil es uns orkam, als säßen Sie auf einer Stelle fest. Gulaume behauptete sogar in einem Anfalle von otischer Täuschung, daß Sie, monsieur, die Ruder ingezogen hätten, indeß ich belehrte ihn, daß Sie dieselben im Gegentheile so schnell gebrauchten, daß man sie, wie die Speichen eines sich drehenden Raes, nur deshalb nicht arbeiten sah. Nicht wahr, ich hae Recht?“.

„Gewiß, gnädige Fra, ich ruderte so schnell, daß ich in dieser kurzen Zt von der Erde bis in den

Himmel gelangte ... und meine liebe Braut dazu", lächelte Magnus mit glückstrahlendem Gesicht.

„Est-il possible! Und dieses Fräulein Lucie hier, die noch gar nicht einmal weiß, wie schön Sie spielen —!"

„Seien Sie nicht böse, gnädige Frau", sagte Lucie, ergriff die Hand der liebenswürdigen Dame und küßte sie mit einer stummen Abbitte für ihre damalige Verstocktheit.

„Mon enfant! mon enfant!" rief die Französin gerührt und trocknete sich noch ein paar Thränen, während sie das junge Mädchen umarmte. „Ah, gehen Sie doch, mich erst reich zu machen! Man ist da so langweilig! — Nun, meinen Segen, monsieur, und wenn Sie das nächste Mal nach Paris kommen, so wissen Sie, wo Sie und Ihre Frau Gemahlin logieren werden ... Regardez, wie sie roth wird über die „Gemahlin". Und nun hinauf in's Dorf zum Kaffee, man lebt nicht von der Liebe allein!"

Bald waren sie oben, und um den Schluchsee herum herrschte die alte Stille.

Schwarz und ruhig liegt er da, ein dunkles Auge des Himmels. Der Schatten des langgestreckten westlichen Hügels gleitet langsam immer weiter über das Wasser ... jetzt ist er an der Stelle, wo Magnus und Lucie den Bund ihrer Herzen geschlossen haben.

Bald wird auch dieser Theil des Sees in Nacht gehüllt sein, aber hell und glänzend wird er für alle Zeiten in der Erinnerung der beiden stehen — ein Ort des Glücks und der Liebe.

Ende.

FSC
www.fsc.org
MIX
Papier | Fördert
gute Waldnutzung
FSC® C083411

Kolibri 360 GmbH
Ferdinand-Jühlke-Straße 7
99095 Erfurt, Deutschland
produktsicherheit@kolibri360.de